U0188982

看漫画读经典系列

达尔文的 物种起源

Origin of Species

［韩］崔现锡 著

［韩］赵明元 绘

［韩］元英姬 译

淳于雪涛

科学普及出版社

·北 京·

图书在版编目（CIP）数据

达尔文的物种起源 /（韩）崔现锡著；（韩）赵明元绘；（韩）元英姬，
淳于雪涛译. —北京：科学普及出版社，2014.7（2021.6重印）
（看漫画读经典系列）
ISBN 978-7-110-08031-3

Ⅰ.①达… Ⅱ.①崔… ②赵… ③元… ④淳… Ⅲ.①达尔文学说—普及
读物 Ⅳ.①Q111.2-49

中国版本图书馆CIP数据核字（2013）第002084号

The Origin of Species by Charles Darwin Written by Choi Hyun-Suk, Illustrated by Cho Myung-Won,
Copyright ⓒ 2008 by Gimm-Young Publishers, Inc.
All rights reserved
Simplified Chinese copyright ⓒ 2014 by Popular Science Press
Simplified Chinese language edition arranged with Gimm-Young Publishers, Inc.
through Eric Yang Agency Inc.
版权所有 侵权必究
著作权合同登记号：01-2012-3087

策划编辑	任　洪　杨虚杰　周少敏
责任编辑	何红哲
封面设计	欢唱图文吴风泽
版式设计	青青虫工作室
责任校对	赵丽英
责任印制	李晓霖

出　　版	科学普及出版社
发　　行	中国科学技术出版社有限公司发行部
地　　址	北京市海淀区中关村南大街16号
邮　　编	100081
发行电话	010-62173865
传　　真	010-62173081
网　　址	http://www.cspbooks.com.cn

开　　本	787mm×1092mm　1/16
字　　数	267千字
印　　张	15.75
版　　次	2014年7月第1版
印　　次	2021年6月第12次印刷
印　　刷	北京博海升彩色印刷有限公司

书　　号	ISBN 978-7-110-08031-3/Q·152
定　　价	37.00元

（凡购买本社图书，如有缺页、倒页、脱页者，本社发行部负责调换）

透过漫画，邂逅大师
让人文经典成为大众读本

　　40多年前，在我家的胡同口，有一个专门向小孩子出租漫画书的小店。地上铺着一张大大的黑色塑料布，上面摆满了孩子们喜欢的各种漫画书，只要花一块钱就可以租上一本。就是在那里，我第一次接触到漫画。那时我一边看漫画，一边学认字。从那时起，我就感受和领悟到了漫画的力量。

　　漫画使我与书结下不解之缘。慢慢地我爱上了读书，中学时我担任班里的图书委员。当时我所在的学校，有一座拥有10万册藏书的图书馆，我几乎每天都在那里值班，边打理图书馆边读书，一直逗留到晚上10点。那个时期，我阅读了大量的书籍。

　　比如海明威的《老人与海》，大多数和我同龄的孩子都觉得它枯燥无味，而我却至少读了四遍，每次都激动得手心出汗。还有赫尔曼·黑塞的《德米安》，为我青春躁动的叛逆期带来了坚强而平静的抚慰。我还曾经因为熬夜阅读金来成的《青春剧场》而考砸了第二天的期中考试。

　　那时我的梦想就是盼望有朝一日能经营一家超大型图书馆，可以终日徜徉在书的世界；同时，我还想成为一名作家，写出深受大众喜爱的作品。而现在，我又有了一个更大的梦想，那就是创作一套精彩的漫画书，可以给孩子们带去梦想和慰藉，为孩子们开启心灵之窗，放飞梦想的翅膀，帮助他们更加深刻地理解自己的人生。

　　这套书从韩国首尔大学推荐给青少年的必读书目中精选而出，然后以漫画的形式解读成书。可以说，这些经典名著凝聚了人类思想的精华，铸就了人类文化的金字塔。但由于原著往往艰深晦涩，令人望而生畏，很多人都是只闻其名，却未曾认真阅读。

　　现在这套漫画书就大为不同啦！它在准确传达原著内容的基础上，让人物与思想都活了起来。读来引人入胜，犹如身临其境，与那些伟大的思想家们展开面对面的对话。这套书的制作可谓是一个庞大的系统工程，它是由几十位教师和专家组成的创作团队执笔，再由几十位漫画家费尽心血，配以通俗有趣又能准确传达原著精髓的绘画制作完成。

　　因此，我可以很负责任地说，这是一套非常优秀的人文科学类普及读物。这套书不仅适合儿童和青少年阅读，对成年人来说也是开卷有益，更是适合父母与孩子一起阅读。就如同现在有"大众明星""大众歌手"一样，我非常希望这套"看漫画读经典系列"图书，可以成为广受欢迎的"大众读本"。

孙永云

中学生也要读经典著作吗

"一定要读完首尔大学推荐的经典著作吗？推荐书的范围很广，很多我还没读过，尤其是自然科学部分。真让人担心考试啊！应该拿什么标准选书呢？"

这是不久前我在网上搜索关于相关内容时看到的一段话。在韩国，参加高考的学生都经历过这些苦恼。对这个问题我只能这样回答：

"那些书肯定没必要都读完。因为那是针对大学生而不是针对中学生推荐的书，而且有的书对于相关专业的学生来说也是很难读懂的。不过也得大体了解其内容，对不对？"

这个答案好像是违背了推荐阅读的意图，因此我心里也不那么舒服。但是对提问的中学生来说，这可能是最实用的答案了。

在首尔大学的推荐书目中，《物种起源》属于不太难理解的书。也许正是因为这点，这本英语国家中的畅销书，在韩国也有多种译本。由于没有统一其概念或术语，各种译本之间都有一些差异。在这种情况下，就得考虑该看哪一版本了。原著涵盖了许多内容，为了说明一个观点同时罗列了很多科学事实，所以除了对这门学科特别关心的人以外，一般人通读原著还是比较困难的。因此，要一名中学生通读原著更是障碍重重。

　　所以我希望通过本书，能够帮助大家了解《物种起源》原著的主要内容及其在历史上的意义，更希望由此能激起大家想要通读《物种起源》原著的兴趣。

　　本书讲到了《物种起源》这部著作在人类历史上的意义，达尔文的生平事迹，以及原著的内容概要。达尔文生前把《物种起源》修订到了第六版，因此本书所参考的正是达尔文最后修订的第六版。《物种起源》第六版共由15章构成，其中第12章和第13章的题目相同且内容前后衔接，因此我们在本书里就归纳为一章来进行阐述。本书选取了《物种起源》里各章的核心内容，并尽可能表达出原书的风格。达尔文离世后，随着科学的进步，以现代科学观点来看，原著中有些含混不清或错误的概念，这些都在本书各章后的专栏中提到了。

　　盼望这本书能为大家了解《物种起源》起到引路的作用。

崔现锡

搭乘《物种起源》号，探秘生物世界

　　提起笔来就想起了刚收到本书文稿时的感受。一开始接触这部文稿让我着实感到不小的负担。过去上学时走马观花地学过"进化论"，但那对我来说仅仅是个常识而已。所以难免会心生顾虑，我真的能将达尔文的理论、生物进化的知识，甚至达尔文列举的例子等等，明确地传达给读者吗？

　　但是我知道，这份工作会带给我全新的发展机会，进而使我提升到一个新的境界，因此我必须将它做好。怀着这样的心态我前往书店，先后仔仔细细查看了50多本参考书。然后我就跟随达尔文的一生，沿着他的考察航程神游，阅读其同时代的动植物及生物解剖学相关书籍。就这样，我完全沉浸在达尔文的世界里生活了六个多月之后，才开始进入了本书的绘画创作。又花了一年多的时间，结束了本书的绘画工作。这时，我总算松了一口气，结束了绘制达尔文的《物种起源》这一场艰苦战役。

　　英国出生的查尔斯·达尔文，从小就有收集贝壳、硬币、小石头的爱好，对神奇或陌生的事物有很大的兴趣。大师们似乎都有个共同点，就是即便观察不起眼的东西，其角度也与众不同。达尔文在1859年出版的《物种起源》里，根据大量的资料科学地证明了，自古以来生物不是一成不变的，而是长期进化而来的这

一事实。他主张而且证实了"进化"是"自然选择、适者生存"的结果。人类也是生物，当然不能例外，所以人类是跟现存的猴子有着共同的祖先，后来是从某个节点上分开进化而来的。

当时的欧洲，人们的思想完全在宗教的禁锢之下。人们听到达尔文的学说后受到了巨大冲击，因为当时人们仍深信宇宙和人类都是由上帝创造的，上帝从世间万物之中选择了人类。由于达尔文主张的进化论否定了造物主上帝，因而人们就像看待精神病人那样看待他，并对达尔文进行百般嘲弄和讥讽。

到了现代，"进化论"已经成为全世界公认的理论，它很好地阐述了人类和地球上无数其他生物都是从哪儿来，经过了怎样的变化。当然，在"进化论"理论中也存在模糊、不合理的内容，但这些更成为了我们思索人类过去和未来的动因。

看看我们周围都有哪些生物，这些生物都经历了怎样的演化才变成了现在的样子，让我们乘坐达尔文的《物种起源》号，一起扬帆起航，一起探秘生物世界吧！

赵明元

|目录|

深入阅读

《物种起源》是一本怎样的书

第1章

原康修尔猿　　　南方古猿　　　尼安德特人　　　克罗马农人

听说过"进化"这个词吧？

进化？

正在看这本书的朋友可能都听说过。

嗯。

电脑会进化，手机会进化，现在几乎所有的东西都在进化。

WIN

T.V

今天，人们普遍都在使用"进化"这个词，但这个词在生物学上出现的时间只有150多年。

终于完成了。

达尔文

1859年《物种起源》出版以后，"进化"这个词才被大家熟知。

啊，是这样的。

进化？啥进化？

物种起源

查尔斯·达尔文

创造论者

《物种起源》是一本阐明地球上的生物如何而来的书。

这本书的作者是查尔斯·罗伯特·达尔文，按照一般只称呼姓的习惯，人们称他为达尔文。

提到大科学家，第一个出现在你脑海里的人是谁？

爱因斯坦？

谢喽！

达尔文也是毫不逊色的科学家。

很高兴认识你。

我也是。

1999年，美国就1000—1999年间对人类影响最大的人物开展了一项调查。

最后评选出一千人并将他们的事迹集结出版，书名为《一千年一千人》。

在那本书中，排名前十位的人物如下：

约翰内斯·古腾堡（德国）、克里斯托弗·哥伦布（意大利）、马丁·路德（德国）、伽利略·伽利雷（意大利）、威廉·莎士比亚（英国）、艾萨克·牛顿（英国）、查尔斯·达尔文（英国）、托马斯·阿奎那（意大利）、列奥纳多·达·芬奇（意大利）、路德维希·凡·贝多芬（德国）。

"连排名第一的人都没听说过，我真是无知呀！"

还得再努力学习喽！

他们中只有伽利略、牛顿、达尔文和达·芬奇四个人是科学家，

万有引力。

物种起源。

天文望远镜。

最后的晚餐。

达·芬奇也是艺术家。

我有很多强项！

我们的主人公达尔文在这几位科学家中排名第三，

第三名！

在前十位伟人中排名第七。

伟人真多呀！

一千年的时间，有无数人在地球上生活过，达尔文排名第七，真够了不起的！

你好！我在这儿！

拥挤

那么，如何用一句话来说明"进化"呢？

进化

知不知道青蛙和菜粉蝶的一生？

当然知道啊！

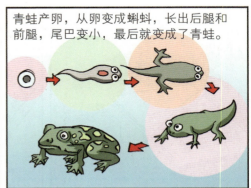

青蛙产卵，从卵变成蝌蚪，长出后腿和前腿，尾巴变小，最后就变成了青蛙。

菜粉蝶也是这样，从卵到幼虫，从幼虫变成蛹，由蛹再变成蝴蝶。

蠕动的幼虫会变成娇艳的蝴蝶，你们能想象吗？

想知道的话，花一个月时间养一只就知道了。

快点儿变啊！

从卵变成蝌蚪或幼虫，再变成青蛙或蝴蝶的过程叫作变态。

变身！

不是那种奇怪的变态哟！

我？

啪嗒

而是说动物从卵的孵化到发育为成体的过程中有多种形态的变化。

哇，好漂亮！

在汉语中，变态有样子发生变化的意思。

变态

也可以把它叫作摇身一变。

我祝英台女扮男装！

但是这些叫变化，不叫进化。

想知道。

进化是什么呢？

先说点儿别的吧！

腾腾

慢慢

对于喜欢的女孩儿，很想让她看到自己帅帅的样子。

怦 怦

扑通

听说过青春期的人脸上会发疯一般长出青春痘。

讨厌青春痘。

人老之后头发会变白，皱纹会增多吧？

说什么？愁闷*吗？

* 译注：韩语中"皱纹"与"愁闷"谐音。

人虽然用两腿直立行走，但是不会走之前也是手脚并用地爬。

人类虽然不像青蛙或蝴蝶的变化那么极端，但是也会发生一定变化的。

尿尿了？

这是人类生命的必然阶段。这些变化不叫进化。

儿童、青年、老年都是人类。

那整容手术呢？

真担心效果呀！

整容也算是变化，但也不能叫进化。

呵呵，神不知鬼不觉！

进化虽然也是一种变化，但不是独立个体的变化。进化是经过数千万年的时间缓慢进行的。

进化 进化——

所以，人类很难明确地察觉到进化过程。

下面举几个不少书上都提到过的例子！

在很久以前，英国北部的森林里生活着胡椒蛾，有黑色的和灰白色的。

英格兰

胡椒蛾的颜色是由遗传决定的，就和人类的肤色一样。

19世纪英国工业革命期间建了许多工厂，森林中的树因此被污染，树皮的颜色也变黑了。

在森林中，灰白胡椒蛾更容易被发现并被吃掉。

救救白蛾子！

我们安全多啦！

最后存活下来的大部分是黑色胡椒蛾，因此森林中的胡椒蛾种类就减少了。

哇，我们的世界！

后来，英国加大了环境保护力度，地衣的数量逐渐增多。

这样，黑色胡椒蛾就更容易被发现，也更容易被吃掉了。

空气干净了，颜色深的特别容易被发现。

所以，灰白胡椒蛾的数量又增多了。

简单解释一下地衣。

地衣

地衣就像它的名字一样，是给大地穿上衣服的生物。在岩石、树皮等很多地方都可以存活下来。

达尔文的物种起源

地衣对有毒的物质特别敏感，在被污染的环境中难以存活。

啊！

我只是路过而已。

所以，有地衣的地方说明空气干净。

这里安全喽！

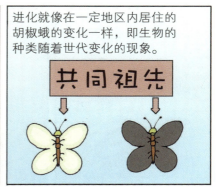

进化就像在一定地区内居住的胡椒蛾的变化一样，即生物的种类随着世代变化的现象。

共同祖先

再说得详细一点。

好像有点儿明白了……

进化也可以说是基因库的变化。

进化所指的变化不是生物个体的某个变化，而是由众多个体构成的群体的变化，这时发生变化的是基因库。

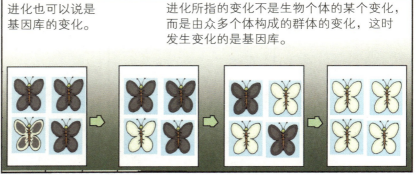

觉得越来越难？

库是仓库吗？

我们先了解几个基本词汇。个体可以理解为个人的意思。

个人

在英语里，个人和个体是同一个词，即individual。

个人

个体

individual

而我们常把单个人用"人"字表示，称为"个人"。

来坐！

TAXI

个人

把单个生物用"体"字表示，称为"个体"。

因为我是宝贵的。

所以说，个体和个人的意思相同。

你好！个体。

这些个体的集合体叫作群。生物的进化不是指个体而是指个体群的变化。

库的意思就是像水坑一样使水聚积在一起的地方，

基因库就是基因集合的意思。

我们再回到胡椒蛾上，前面说过胡椒蛾的颜色是由遗传决定的。

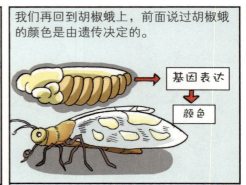

基因表达

颜色

在这里，胡椒蛾单个个体的颜色并没有变化。

但是经过漫长的岁月后，胡椒蛾群体的颜色变化了。

对新环境适应不了的个体则无法留下后代。

哈哈，看着很好吃呀！

胡椒蛾群体的基因库，

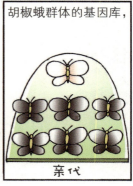

亲代

随着时间发生的变化就叫作进化。

灭绝

再把进化一词进行科学的整理和概括，

进化自然选择论择

可以说是生物群体随着时间而发生变化的现象。

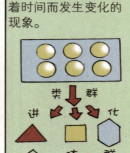

类群 进 化
个 体 群

在这里重要的是经过的"时间"，并不是指一个个体的年龄变大，

而是指其个体生下下一代，长大后再生下下一代，经历漫长岁月的意思。

这和我们在历史书上提到的时间概念是完全不同的。

历史

小学四年级

数千年的文明史不足以看到人类的进化。

没有变化呢……

古代

达尔文的物种起源

由于胡椒蛾的一生短暂，所以我们才能看到其进化的过程。

因为世代很短，所以容易看出来。

生物进化大部分都是肉眼无法看到的，所以更难理解。

不进化吗？

嘿嘿，我是个体。

那么，我们的祖先是什么动物呢？猴子还是猩猩？

嗨！我们是同一血统。

？

我是哥哥！

人类的祖先既不是猴子，也不是猩猩。

不是就算啦。

啊！

把猩猩和猿麻醉，等它们失去意识后在其脸上画个圈，

谁敢乱画？

然后观察它们的行为。从麻醉中醒来后，它们会站到镜子前试图擦掉脸上画的圈。

呲牙

而且还急着想要找到是谁干的这调皮事儿。

你干的吧？

像这样看到镜子中的影像后认识到自身的动物很少。

小伙子真是太帅啦！

猩猩和猿跟人类一样，具有认识自身的能力。

谁帅呀？

当然是我！

反观猴子则不会这样，

你是谁呀？

它们根本没有认识自身的概念。

我不知道我是谁。

结果是：和猴子比起来，猩猩更接近人类。

根据科学研究，600万年前，人类和猩猩有着共同的祖先。

看到祖先挺高兴吧！

怎么知道这点的？是推测而来的，而且是科学的推测。

不是虚无缥缈的空想。

宗教是从相信出发的吧？

无条件相信。

先相信才会进行下一步。

有个问题。

喊！

但科学是从怀疑出发的。

找到针对存疑问题的答案的过程叫科学，其结果都是暂定的结论。

找一下具有逻辑的答案吧！

所以对科学来说，答案有可能会发生变化。

兔子住在月亮上吗？

是！

不是！

那么，考试题里为什么有正确答案呢？

老师，这个为什么是正确答案？

科学试卷

那个答案是暂定的真实。

到现在还没有能反驳这个答案的论据。

哦！

达尔文主张的进化论也是一个科学理论。

理论

科学

与牛顿的万有引力法则一样，进化论是关于自然现象的一种法则。《物种起源》里阐述了这个法则。

物种

查尔斯·达尔文

至今，《物种起源》已经出版150年了。

140 130 120 110 100 90 150

物种起源

查尔斯·达尔文

该书刚在英国出版时遭到了宗教界的强烈反对，现在仍有一部分人否定达尔文的进化论。

主啊，怎么会这样？

当时人们认定达尔文是英国最危险的人物。

唉！

恶魔的崇拜者！

亵渎神！

物种起源

达尔文离世后，他的儿子在出版父亲的自传时，

故意删除了《物种起源》中违背宗教的内容。

在《物种起源》出版后的第二年，也就是1860年，在由英国科学促进会主办的大讨论中，科学家的激烈辩论证明了《物种起源》的受关注程度。

熙熙攘攘

《物种起源》大讨论
主办单位：英国科学促进会

尽管受到宗教界的强烈抵制，但并不妨碍《物种起源》成为畅销书。

你在这干吗？

其后，该书一直稳居畅销书榜单，到达尔文离世时，累计销量已不计其数。

《物种起源》被翻译成世界多国语言，达尔文的理论在欧洲和美洲等被更多的科学家加以普及。

当时基督教信徒在信仰和科学之间肯定有很多的苦恼。

这个问题也不能问神啦！

科学

如果承认人类是生物进化的结果，之前曾有漫长年代的生存斗争，

那么，就与《圣经》中所说伊甸园和禁果的内容不符。

你们是谁？

啊啊！

当时乌斯特主教夫人说的话可能代表了那个时代大多数人的心理。

人类怎么是猴子的子孙呢？但愿这不是真的。如果是真的……希望不会在世界上盛传……

《物种起源》出版后，达尔文又对内容进行了补充。

发现新的事实要及时修订！

1860年第二版、1861年第三版、1866年第四版、1869年第五版、1872年第六版相继出版面世。

随着该书的不断出版，也对内容进行了修改，举例的内容也有所增减，这反映了达尔文的思想变化。

在第二版中，添加了"被创造"一词，试图降低宗教界的反感。

各版使用的词汇也有所变化。谈到达尔文的进化论时，大部分人首先想到的词是"适者生存"，其实这个词在第五版中才出现。

"进化"这个词也是。一开始用的是"改进的遗传"，到第六版才开始换用"进化"一词来代替。

《物种起源》出版20年后，才逐渐被世界所认可。

而当时有的学者把达尔文的理论称作覆灭的理论。

跟他自己的主张一样，会被淘汰的。

《物种起源》再次引起科学界关注的契机是遗传学的发展。

现代遗传学的奠基人是孟德尔。他于1866年就发表了相关论文，

但其理论的重要性直到20世纪才得到了承认。"基因"这个词也是在这时第一次被使用的。

嗯，真是了不起的理论。

1937年，生物学家杜布赞斯基出版了《遗传学与物种起源》一书，

使得达尔文的理论在基因学的基础上得到了更大的发展，现在没有科学家再反对《物种起源》中阐明的进化论。

《物种起源》出版之前，学术界的思想基础是柏拉图的理论。

从根本上动摇了我的思想！

柏拉图

达尔文的物种起源

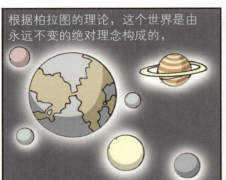

根据柏拉图的理论，这个世界是由永远不变的绝对理念构成的，

人类看到的多种现象只不过是理念的影子而已，

透过灵魂的眼睛，就可以看到不变的理念了。

理念是不变的。石头是永远的石头，金子是永远的金子。老虎是永远的老虎，狮子是永远的狮子。

西方人普遍持有这种根深蒂固的观念。

进化论的产生从根本上动摇了主宰西方社会两千多年的思维方式。

现在没人再相信这个世界是永恒不变的，这真是多亏了达尔文。

我？我吗？

达尔文出版《物种起源》时和朋友说过这样的话：

这只是开始，以后会发生更有价值的事。

达尔文的预测就像预示着新起点的钟声！

铛 铛

有没有听说过哥白尼革命？革命一词就是指巨大的社会变化的意思。

早在1543年，也就是《物种起源》出版前316年，哥白尼就出版了主张日心说的书。

"日心说"是阐述地球自转和公转的理论。

哇啊

以前，人们做梦也不会想到地球会旋转，

这就是安全的宇宙。

他们相信地球不动而天空在转动的"地心说"。

星星移到那里了。

在科学界，把具有颠覆性的"日心说"的提出称作"哥白尼革命"。

我可以改变这个世界。

在英语里革命（revolution）这个词就是从哥白尼的《天体运行论》(De Revolutionibus Orbium Coelestium) 中引申出来的。

REVOLUTION

达尔文进化论的影响与哥白尼革命不相上下。

嗨！

真帅，朋友。

所以，人们也常常把《物种起源》的出版称作"达尔文革命"。

这么看来，"革命"和"进化"这两个词很相似呀！

REVOLUTION
EVOLUTION

哥白尼和达尔文相比，

如果说哥白尼是把人类从宇宙中心移到宇宙边缘的话，

人类不过是宇宙中一粒尘埃。

那么，达尔文可以说是让人类从生物链的顶端降到跟其他生物一样的地位。

我算是哥哥喽！

研究人类精神世界的弗洛伊德曾说过：

天真自爱的人类经受了两次来自科学之手的巨大打击。

第一次，是认识到地球不是宇宙的中心，而只是无穷宇宙里的一个小斑点。

真太渺小了。

第二次，是由于生物学研究取消了人是神的特别创造物这一特权！

什么？

下面是一些在科学发展史上具有重要历史地位的著作，这些书中的观点颠覆了人类以往持有的观点。

1543年出版的哥白尼的《天体运行论》。

1632年出版的伽利略的《关于两大世界体系的对话》。伽利略因主张哥白尼的"日心说"而被判刑，他说过"即便是那样，地球也是旋转的"。

1687年出版的牛顿的《自然哲学的数学原理》，该书阐明了万有引力定律。

书名有点儿长是吗？

关于狭义相对论或广义相对论，爱因斯坦只发表了一些篇幅较短的论文。

仅是论文而已。

除了研究科学的人以外，这些著作实在是很少有人看。

哇！太难了。

但是跟伽利略同一天出生的莎士比亚的作品直到现在一直是读者众多。

唉——可怜的罗密欧……

这就是科学和文学的不同。

太难了。

达尔文的《物种起源》因没那么艰涩难懂而且现在看也不显得落后，所以有很多人在看。

看看有没有可以反驳的地方？

创造论者

好，看看《物种起源》的内容吧！

本书主要介绍《物种起源》第六版的内容。等一下，先看看达尔文的一生吧！

终于说到我了！哈哈！不好意思。

第2章

达尔文是个什么样的人

大家可能都知道亚伯拉罕·林肯。

嗨!

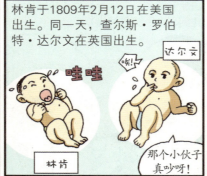

林肯于1809年2月12日在美国出生。同一天，查尔斯·罗伯特·达尔文在英国出生。

哇哇

林肯

嗳!

达尔文

那个小伙子真吵呀！

音乐家门德尔松也跟他们同龄。

我要当总统。

我要当音乐家。

达尔文是姓，所以他的家人和朋友应该叫他查尔斯。达尔文出生于英国什鲁斯伯里。

你好！

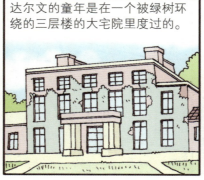

达尔文的童年是在一个被绿树环绕的三层楼的大宅院里度过的。

达尔文的爷爷是颇受尊敬的英国王室的医生，他的父亲也是医生。

我是达尔文的父亲罗伯特·达尔文。

达尔文的母亲出身于非常有名的韦奇伍德家族。

我是他的母亲苏珊娜·达尔文。

母亲在达尔文8岁时离世，享年52岁。

在哥哥和姐姐的陪伴下，达尔文一天天长大。

爷爷和奶奶早已离世，达尔文的家人只剩下父亲、一个哥哥、三个姐姐和一个妹妹。

达尔文从小就养成了什么东西都记录下来的习惯。

以后要经常引用他的日记喽！

上学时，达尔文就有收藏癖。

他在日记中写道：我能看到的所有植物我都要知道它们的名称，而且都要收集到手。

这是好像连我自己也没办法控制的先天本能。

我对植物的多样性怀有极大的兴趣，它们让我觉得非常神奇。

看到石头后，达尔文会思考这个石头为什么会在这儿。这算是他对地质学的早期入门吧。

从什么时候开始有的？

地质学是研究地球及其演变的一门自然科学。

看上去很有价值。

达尔文9岁那年，父亲把他送到了寄宿学校。

到1825年达尔文16岁时，他已经在那儿度过了7年时间。

达尔文不太喜欢那所学校。他在日记里这样写道：这里除了教授古代地理、历史以外，别的什么都没有。

对我的精神成长没有益处，我也不太喜欢学习。所以一有时间我就去钓鱼。

根据姐姐们的说法，我小时候特别喜欢一个人长时间散步。

不知道散步时在想什么，但是好像对一些事情特别热衷。

父亲希望达尔文长大后能成为一名医生。

稳定而且被尊重的职业。

所以，达尔文听从父亲的劝导于1825年跟哥哥拉斯一起上了爱丁堡大学。

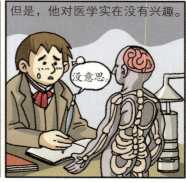

但是，他对医学实在没有兴趣。

没意思。

爱丁堡大学的教育都是以讲课为主，真是无聊极了。我在爱丁堡医院参加过两次手术。那两次都是手术还没结束我就跑了出来。其后索性不再参加了。但是没学好解剖学是我一生中最大的遗憾。如果当时能忍耐的话，会给未来的工作提供宝贵的经验……

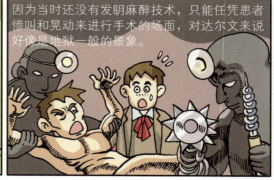

因为当时还没有发明麻醉技术，只能任凭患者惨叫和晃动来进行手术的场面，对达尔文来说好像是地狱一般的景象。

比起医学，达尔文更喜欢博物学，

哇，神奇的东西真多！

也喜欢骑马、射击和收集。

最后，父亲劝他如果真不喜欢当医生的话可以当神职人员。

神职人员怎么样？

嗨！

当时在英国备受推崇的职业是法官、医生或神职人员，他希望自己的儿子能从事这些工作。

法典

全世界的父亲都是一样的吧？都希望孩子有稳定的工作。

压力好大呀！

得认真学习喽！

针对父亲的劝导，达尔文写了如下日记：

我跟爸爸说了给我一点儿时间。无法安心当一名传教士一方面是因为在良心上有不舒服的地方，那就是不完全相信英国教会的所有教理，而另一方面也挺喜欢在乡村当个神职人员，过安静的日子。

要当神职人员的话，得在大学里获得学位。

大学

达尔文很快就进入了剑桥大学基督学院。

因为达尔文的父亲很有钱，又是贵族，所以入学很容易。

嘿！

欢迎光临！

在大学里，达尔文经常玩扑克牌，也经常酗酒度日。

他在日记中写道：我在剑桥大学的3年期间与在爱丁堡大学的生活没什么区别，

跟小学一样完全浪费了时间。

但是他的学习成绩还不错，毕业时获得了全校第10名。

美慕呀！

嘿嘿，我有基础！

当时要获得神学学位的话，得学习威廉姆·佩利的书。

1802年，英国神学家威廉姆·佩利发表了代表宗教思想的《自然神学》。

这本书的第一章就直抒全书核心：

在田野里散步被石头绊了一下，假如会有"这块石头怎么会在这里呢"这样的疑问，

我可能会回答这块石头以前就在这里了。

那么，如果在那里发现了一块手表呢？

是块以前没见过的手表。

因为手表是特别精确且复杂的装置，我会认为这块手表不是随便就会有的。

这块表肯定是由优秀的工匠设计和制作的。

人类的眼睛也是非常复杂和精妙的装置，

正因为它的结构太完美，所以肯定是被设计的，而且其设计者肯定是神。

佩利的这个论证非常著名。论证是在几个前提的基础上得出的结论。

结论

前提　前提

佩利的论证非常生动，

什么地方不对呢？

当时达尔文被佩利的这种论证迷住进而相信了。

真的很有说服力。

在剑桥大学时，达尔文最喜欢亨斯洛教授的植物学课程。

当时英国的神职人员都是有知识的人。

天地、星辰都……坐下。

所以，在培养神职人员的大学里有多种多样的课程。

很多有意思的书啊！

哲学　法学　自然神学　植物学

亨斯洛教授劝达尔文研习地质学。

你对这门学科有非同一般的潜质！

嗯。

亨斯洛请求地质学教授亚当·席基威克在北威尔士进行地质调查时带上达尔文。

我对《物种起源》的诞生功劳很大哟！

跟席基威克教授认识之后，达尔文明白了科学就是从很多事实当中发现普遍法则。

跟着他可以学到很多东西。

1831年达尔文从剑桥大学毕业后，亨斯洛教授推荐他乘坐英国海军贝格尔号船作环球航行。为了绘制海图贝格尔号船将经过大西洋、南美洲和太平洋环球航行一周。

当时在英国有许多这种航海旅行，

很多探险家勘探新的地区，然后用自己的名字将新发现的山脉、海洋、海峡等进行命名。

这是麦哲伦海峡！

正好贝格尔号船上需要懂博物学并能陪船长聊天的人，

这时亨斯洛教授就推荐了达尔文。

知道了，教授。

环游世界进而实现梦想吧！

因为这次推荐，达尔文感到非常高兴，他的父亲却很生气。

这家伙，真可气。

医科大学没毕业，

我不适合学医。

现在有机会当神职人员，

主啊！

却要当探险家。

未知世界在召唤！

由于不能强迫儿子改变意愿，父亲给他写了一封信。

亲爱的查尔斯……

"我承诺只要有一个人支持你，我就让你去。"

唉——爸爸。

于是，达尔文放弃探险去了外婆家，没想到舅舅给了他很大的支持。

达尔文立即给父亲写了回信。

尊敬的父亲：

真抱歉又让您心里难过了。但是我希望您能再给我一次机会让我说明对于这次航海的意见，所以尽管怀着万分歉疚但又鼓起勇气给您写信。我告诉了舅舅关于您反对我这次航海的理由，他给了我一些建议。这里附上他的意见，请回信。

我再次向您保证，这次航海不会对我的人生产生不好的影响。请相信我。

爱您的儿子查尔斯拜上。

最后父亲允许他参加这次航海，达尔文终于踏上了对他本人的人生和人类历史来说都很重要的环游世界旅程。达尔文带着查尔斯·赖尔写的《地质学原理》踏上了贝格尔号。

查尔斯·赖尔是年长达尔文12岁的前辈学者，被称为"近代地质学之父"。

达尔文读着《地质学原理》在船上度过了第一个星期。

贝格尔号船停泊的第一个访问地是非洲西海岸佛得角群岛的火山岛圣地亚哥岛。

这个岛是个死火山，在岛上的经历对达尔文来说特别重要。

有一天，他在像烟熏般黑色熔岩景观中观察和采集标本，

刚开始在海边采集了珊瑚和海绵类动物。在离海岸稍远的地方有低矮、连绵的熔岩形成的山坡，

查看岩山的侧面，达尔文发现，距地表面大约9米高的地方有很明显的白色带状区域，

看上去好像是在裸露的岩石上画了一条线。

他小心翼翼地爬上岩坡仔细观察，

发现这个白色带状区域是由贝壳和珊瑚构成的。

保存得完好无损，就像刚刚采集时一样活生生的。

死去的海洋生物形成的这个地层怎么会到高于海平面9米的地方呢？

因为白色带的高度并不一致，

所以不能说海平面降低了。

水面

白色带上升之前那里肯定是海边。

地质学家赖尔认为山巍然耸立，

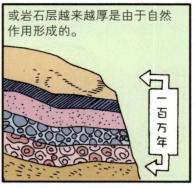

或岩石层越来越厚是由于自然作用形成的。

一百万年

他认为，地球上发生的变化不是像诺亚的大洪水那样激变而成的，

而是随着漫长的岁月逐渐发生的变化。

达尔文慢慢意识到《圣经》和佩利的主张都是错的。

佩利

地质学原理

赖尔

禁止怀疑！

圣经

贝格尔号船离开佛得角群岛后继续航行，到了巴西、阿根廷、火地岛、马尔维纳斯群岛、乌拉圭、安第斯山脉、秘鲁等地区。

大西洋

南美洲

加拉帕戈斯群岛

马尔维纳斯群岛

麦哲伦海峡

船长负责绘制地图，

刚开始达尔文喜欢直接用枪抓捕动物或鸟。

达尔文负责观察动植物和考察地质，也进行化石采样工作。

过了一段时间以后，反而越来越有兴趣观察自然了。

34 达尔文的物种起源

打猎是很原始的行为。从现在开始我要进行文明的探险喽！

达尔文在日记中吐露了对大自然的感叹：走在巴西的森林中，

这森林里的种种美丽景象值得逐个赞誉，但是想表现出内心充满的惊讶、好奇、爱慕心情等诸般感觉却实为不易。

达尔文观察过形形色色的动物，

解剖过许多海洋动物。

现在知道你的祖先是谁了吧？

他一有空就写航海日记。后来这些日记得以出版，名为《一个自然科学家在贝格尔舰上的环球旅行记》。

被阿根廷人称作广大的平原的潘帕斯草原，

广大的平原！

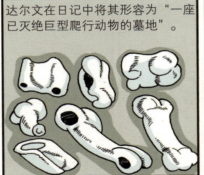

达尔文在日记中将其形容为"一座已灭绝巨型爬行动物的墓地"。

看过海洋生物的化石后，他开始设想发生过地壳升降的地质变化。

过去

地层上升

现在

1835年，进入了加拉帕戈斯群岛（即今天的科隆群岛）。这个地区由许多岛屿组成的。

圣萨尔瓦多岛

圣克鲁斯岛

伊莎贝拉岛

圣克里斯托瓦尔岛

所有的岛上都生活着种类各不相同的乌龟、鸟和鬣蜥。

然后，经过塔希提岛到了新西兰，

我是塔希提岛的女王。

跟毛利人一起度过了圣诞节。

1836年到达澳大利亚，在达尔文的眼中这里完全是另一个世界。

神奇的动物真多呀！

看什么看！

他在印度洋的科科斯（基林）群岛观察珊瑚草并采集了许多标本。

后经过毛里求斯岛、

南非的好望角、

大西洋的圣赫勒拿岛，

这就是我拿破仑被流放的地方。

返回英国普利茅斯港后，这次航海就结束了。

哇——回英国喽！

返回英国时，达尔文已经27岁了。

逐渐开始谢顶。

他把大部分的青春岁月都用在了环游世界。

年轻时多体验一下。

达尔文带回来770多页日记和观察笔记

观察笔记

日记

我的日记

以及几千个标本。

达尔文回到英国时，已经很有名了。

不好意思了。

哇——

达尔文带回来的标本中有很多是英国人没有见过，更没有研究过的。

犰狳化石

人们对此非常感兴趣，并邀请他参加了许多会议。达尔文在赖尔的实验室分析了带回的化石，

赖尔

非常好。

达尔文

分析显示：有已经灭绝的大型啮齿类动物以及懒猴的化石。

第一次看到像我这么懒的吗？

也发现了与现存的几个物种的相关性。

现代的犰狳

从1838年开始，达尔文连续3年担任英国地质学会干事，写了许多跟地质学相关的文章。

干事

英国地质学会

1839年，30岁的达尔文跟舅表姐爱玛·韦奇伍德结婚了。

当时，表兄妹之间结婚很普遍。

自己人。

财产

宗族

夫妻二人住在一幢带庭院、温室和马棚的大房子里。

结婚第一年，大儿子威廉出生了。

咿呀。

他们一共生了十个孩子。

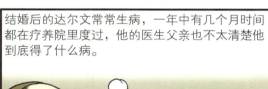

结婚后的达尔文常常生病，一年中有几个月时间都在疗养院里度过，他的医生父亲也不太清楚他到底得了什么病。

达尔文有三个孩子在很小的时候就离世了。

达尔文对这样的人生感到幸福吗？

在这种情形下，达尔文开始写作《物种起源》，

也正式开始了研究。

得直接实验才行啊！

他把自己的家建成了研究所，他在庭院里饲养动物，

还种了许多植物。达尔文通过观察和实验发现，人们在培育优良的动植物品种时，其核心原理就在于"选择"。

但是，在自然情况下"选择"是怎样的呢？

野生状态呢？

1838年，达尔文偶然接触到了托马斯·马尔萨斯的《人口论》。

马尔萨斯是英国的一名牧师，他也研究人口学和政治经济学。

人口论

托马斯·马尔萨斯

他提出，如不加限制，人口会呈几何级数增长，而食物供应呈算术级数增长。

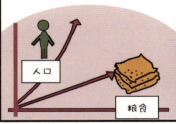

人口

粮食

他要说明当时英国正在经历的社会问题。

马尔萨斯发现，从理论上说人口呈几何级数增长，但事实并非如此。那么，应该存在控制人口增长的作用力。

生存竞争

控制

人口增加

啊哈！就是生存竞争。这会控制人口的增加。

为了说明自然界的秩序，达尔文采用了马尔萨斯的竞争概念。

就是那个。

要想被选择，自身得学会变化才行。

也可以说，生存斗争和自然选择的概念就是在这个时期确立的。

自然 选择

生存斗争

1838—1844年，达尔文逐渐形成并整理了进化论的理论。1842年，写好了长达35页的概要。

进化论

1844年，他完成了长达230页的论文。

然后，达尔文向平时跟他关系很好的植物学家约瑟夫·胡克吐露了自己一直为之纠结的事。

我在看到加拉帕戈斯群岛的动植物之后非常惊讶，收集了很多能给物种变化之说点燃希望之光的资料，也读过许多与农业、园艺有关的书，一刻也没停下收集相关资料，这些让我看到一线光明。现在跟刚开始不一样，我几乎确信物种是注定会发生变化的。

好像是招供我杀人一样，我觉得自己已经查明了物种在自己身处的环境中精巧地适应下去的各种方法。

（写给胡克的信，1844年）

此时的达尔文好像有把这个理论公诸于世并出版著作的想法。

达到这种程度就可以了。

但是三个月后发生的事改变了达尔文的心态，随后，他在英国匿名出版了《自然创造史的痕迹》。

自然创造史的痕迹

当时，这本主张生物进化的书在英国销售了数万册。

畅销书

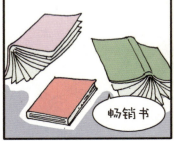

但书中所谓亵渎神明的内容导致该书受到了非难。

自然创造

而且因为支持观点的资料不足，导致该书未获得有识之士的认可。

论据不足，说服力也不足。

自然创造

由此，达尔文明白了没有足以支撑观点的基础资料很难获得科学界的认可。

逻辑　论证

我绝对挺你。

达尔文为了收集更多的证据，

证据　资料

于1846年开始研究一种叫作藤壶的海洋甲壳类生物。

藤壶是达尔文从1846年到1854年8年中花大量时间研究的课题。

在《物种起源》一书中也多次谈到藤壶，现在简单介绍一下这种动物。

动物学家觉得藤壶是与贝类或牡蛎一样有硬贝壳的软体动物，但实际上它们是跟蝼蛄或虾一样的甲壳类。

哈哈，我们是同一类！

藤壶的幼虫跟小虾差不多。

它们会贴在船底或贝壳上这些地方。

在这儿住吧！

它们有圆锥形的壳，从火山口一样的顶部伸出绒毛一样的滤食器，

藏哪儿了？找一找吧。

过滤海水抓捕食物吃。

达尔文的孩子们是在长满藤壶的院子中长大的，所以，孩子的朋友们觉得达尔文是研究藤壶的人。

你爸爸是个藤壶博士吧？

1840年后期，在达尔文写的笔记和信中出现"亲爱的藤壶"这个词的频率特别高。

他花了8年的时间写成了关于藤壶的书并受到了广泛的称赞。

您真是了不起！

他也因此获得了英国皇家学会的奖牌。

在达尔文专心研究藤壶期间，他父亲离世了，

1851年，达尔文还经历了女儿安妮离世的悲痛，

当时，达尔文悲痛欲绝。

即使在这样的情境下，达尔文仍坚持研究，从1856开始写作进化论方面的著作。

化悲痛为力量吧！

在此期间，1858年达尔文收到了阿尔弗雷德·罗素·华莱士写来的一封信。

华莱士是跟达尔文一样，主张自然选择理论的学者，

即使贫穷也要认真度过人生。

他14岁辍学，做技术测量工作来维持生活。

从1854年开始，华莱士在东南亚、亚马孙河流域等地进行探险研究，

比达尔文还年轻的他是还没进入主流科学界的贫穷学者。

得认真学习。

在实际经验的基础上，华莱士在1858年完成了《论变种极大地偏离原始类型的倾向》这篇论文，他和达尔文一样，把马尔萨斯的生存斗争概念跟种的诞生联系起来。

论文

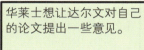

华莱士想让达尔文对自己的论文提出一些意见。

给达尔文写封信吧！

为什么一定是达尔文呢？

啊，真了不起！

其实他见过达尔文，也给达尔文寄过很多有用的标本。

新的标本。

华莱士觉得达尔文是有名的学者，在地质学和生物学上的造诣很高，

所以，达尔文应该可以了解自己的想法。达尔文读完华莱士的信后陷入两难境地。

听一下老师的意见……

华莱士20页的论文跟自己这20年思考的理论太相像了，

就好像听到自己说过一样。

这样，那样。

怎么会知道我的想法？

达尔文把当时的心情写信告诉了赖尔。

没有比这个更简洁的要略。他用的词汇好像是我书中的小标题。

达尔文不想被人认为自己剽窃了华莱士的想法。

现在发布的话，大家肯定会说我剽窃他人成果。

作为一位有良知的科学家，他正经历着情感上的痛苦。

这时，赖尔和胡克想了一个万全之策。他们把达尔文写的关于自然选择的著作以及给胡克写的信的一部分内容，

同时把两个……

好主意！

和华莱士的论文一起，

我也一起？

以共同发现者的名义提交给了伦敦的林奈学会。

共同发现

两人联名的论文在1858年7月1日发表了。

由于达尔文的儿子在发布会召开前3天离世了，

所以论文只是在林奈学会的30人面前进行了宣读，就安静地结束了。

但是后人中除了专门学习进化论的人，其他能记住华莱士名字的人不多。

他是谁？

这也说明人们往往更容易记住第一名。

第1名

第2名

委屈

科学界将自然选择理论的优先权授予了达尔文，理由是：

赢了！

他比华莱士提前15年奠定了理论基础，而且已经写了论述该理论的著作——《物种起源》。

我先来的。

15年

物种起源

1859年，《物种起源》一书终于出版面世。

物种起源

查尔斯·达尔文

虽然达尔文在《物种起源》中没提到了人类的进化，

为什么？

但是人们自然会想到"如果生物是进化来的，那么人类呢？"这个问题。

我们的祖先呢？

是啊？

支持达尔文理论的博物学家赫胥黎，

鼻孔是一样的呢！

同样也主张人类跟猴子起源于同一祖先。

祖先啊！

哦，后代。

这时进化论无可避免地引起了人们的争论。

猿的后代！

造物主！

所以，达尔文在1871年出版了《人类的由来及性选择》。

人类的由来及性选择

查尔斯·达尔文

在这本书中，达尔文最终明确地主张人类和猴子是同一个祖先。

共同祖先

这部著作也给当时的漫画家带来了很多灵感。

很有意思，哈哈哈。

他们将达尔文讽刺为猴子，类似的漫画充斥于当时的杂志。

在1872年出版的《人类和动物的表情》一书中，

达尔文记述了他抚养第一个孩子时观察到的孩子微笑、皱眉等表情变化。

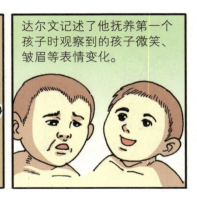

此外，达尔文的一生中还留下了许多著作。

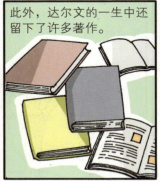

达尔文与自己研究的其他生物一样无法避免死亡。

有一种说法是：他临终时放弃了进化论，说自己是基督徒，

主啊，请原谅我吧！

但我们无法确认这一说法的真实性。

1882年4月19日，达尔文临终时和他夫人说过下面的话：

至少……我……不害怕……死亡……

达尔文希望死后将自己埋在自家的家庭墓地，

但人们认为应该将他埋葬在与他的名气相符的地方——威斯敏斯特大教堂公墓。

允许！

1882年4月26日，达尔文葬于英国的先贤祠，华莱士、赫胥黎、胡克以及美国大使为之抬棺。

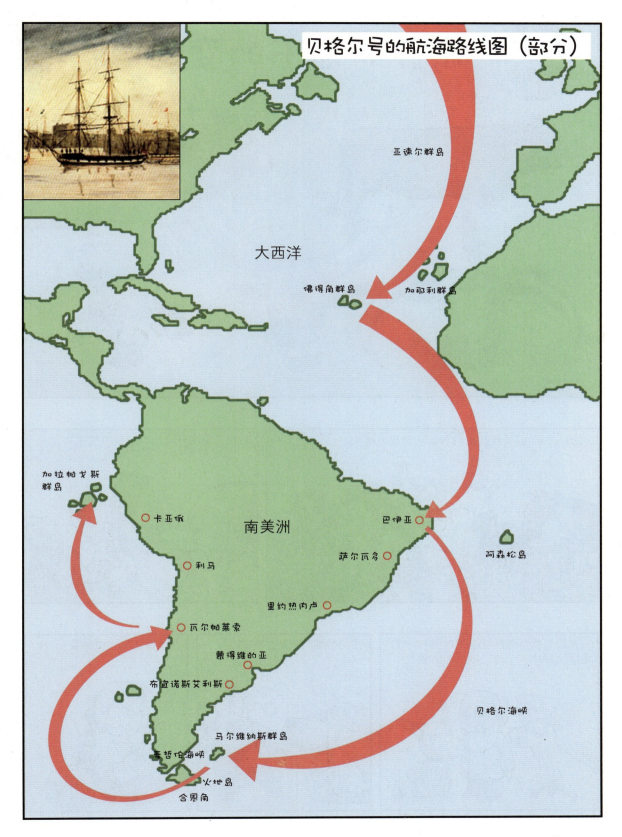

贝格尔号的航海路线图（部分）

亚速尔群岛

大西洋

佛得角群岛　加那利群岛

加拉帕戈斯
群岛

卡亚俄　　　南美洲　　　巴伊亚

萨尔瓦多　　　　　阿森松岛

利马

里约热内卢

瓦尔帕莱索

蒙得维的亚

布宜诺斯艾利斯

马尔维纳斯群岛

贝格尔海峡

麦哲伦海峡

火地岛

合恩角

家养状态下的变异

第3章

人类从很久以前就开始饲养动物和栽培植物。

观察人类饲养的动物或栽培的植物，

会发现它们与自然状态下的同种动物或植物相比，个体之间的差异更大。

汪汪

我们把这些差异叫作变异。

我的大便？

啊！

为什么会发生变异呢？

变异

可能是人类提供的家养环境远不如自然状态下的环境那样一致。

家猫

有些人说是因为人们给家养动物喂食太多，才导致它们发生这些变化。这种说法也有一定的道理。

吭哧吭哧

那个到底是猪还是猫？

没有长生不老的生物，所有的生物留下后代后最终都会死去。

哎呀，活得太久了。

妈！

后代跟父母都会有些不一样。

好像差异很大呀！

是爸爸吗？

从祖父母一代到父母一代，

第一代　第二代　第三代

再到子孙一代的过程中，变化不断加大。

你是我的孙子吗？

你是谁？

人类从很早就一直栽培的小麦，

现在仍在不断出现新的变种*。

我是变种。

像你这样的小麦，我是第一次见啦！

*变种：同一种的生物中出现变异，其性状发生了变化。

人类很久以前就开始饲养的家畜也仍在不断变异。

到底是什么呀？怎么没有角？

"变异"跟刚才说的"变种"，意思差不多。

你好！我是变异。

我是变种。我们俩很像啊！

人们在很早之前就开始思考这个问题，

问题　问题　问题

结论

其结论是：随着生活条件的变化，历经数个世代，生物方能发生变异。

大家都知道，把某些能开花的树，

移栽到气候不同的地方，花期会发生变化。

动物也一样，随着环境的不同，也会发生变化。

达尔文在观察家养的鸭子

和野生的鸭子时，

发现家养的鸭子比野生的鸭子翅膀的骨头更轻，但是腿骨更重。

为什么会有这些差异呢？

达尔文认为，这是因为家养的鸭子比自己的祖先——野生的鸭子飞得少，

却跑得多。

还有，经常挤奶的山羊或奶牛，

乳房会更大，

就这点来看，也可以证明达尔文所主张的"常用的器官会比较发达"的理论。

人类饲养的大部分动物，耳朵都是下垂的，

给我吃一点儿吧。

这是因为它们基本上不会受到惊吓，所以平时很少动用耳朵上的肌肉。

我很安全，不用紧张。

野生的动物，

呼呼
呼呼
野生

在被人类饲养的过程中，习性发生变化是很自然的。

别玩了，回来吃饭吧！
野生
知道了！

经常使用的器官就会发达，

吸溜溜！
吸溜溜！

不经常使用的器官会逐渐退化；

你怎么没有尾巴？
没什么用。

最后，身体的结构也会发生改变。

我到底是鸟类？哺乳类？还是鱼类？

变化的结构会遗传给后代。

虽然无法确定遗传是如何发生的，

我也不知道。

但可以确定的是，孩子肯定像父母，

但孩子和父母却并不完全一样。

饿了，我们吃炒饭吧！
我要吃炸酱面。

就是说，有些特征会遗传，有些特征不会遗传。

而且没有出现在父母身上的几代前的特点，

却会出现在孩子身上，

也有孩子只遗传父母一方特点的情况。

这些遗传特征的机理目前还不能充分说清。

仔细观察一下野外的生物，

我们会发现同种生物之间也会有不同的差异。

每只狗或猫之间，以及每棵树之间没有完全一样的，都会有一些差别。

那么，几个不同品种的牲畜或农作物，

怎么才能区分哪几个品种的祖先是一个呢？

仅凭表面的差异很难判断哪些品种来源于同一物种，

还是来自不同的物种。

我是他们的祖先。

C祖先

D祖先

什么？

这一点确实很难明确判断。

……

家养动物的起源

请说出我们的起源。

大部分可能永远都不会搞清楚。

……

不知道！

我也不知道。

达尔文决定挑战这个问题。

交给我吧！

问题

他觉得研究特殊种群便于找到答案。

特殊种群

经过考虑后，他决定研究家鸽。

要研究我？

于是，他购买了许多鸽子，

还免费获赠了许多。

喂！这里提供免费食宿啦！

哇！太棒了。

达尔文饲养过所能找到的许多品种的鸽子。

你们是同一种*吗？

怎么能把我跟这庸俗的家伙比较呢？

像印度这样远离英国的国度的鸽子因不便于运输，所以他只能找到标本进行研究。

印度专家

如果有活的鸽子就更好了。

还有其他的需要吗？

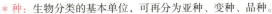

* 种：生物分类的基本单位，可再分为亚种、变种、品种。

达尔文查阅了很多关于鸽子的论文，

也加入了伦敦的养鸽俱乐部，

恭喜你成为我们的会员。

还与育种专家多次讨论鸽子的相关问题。

雌雄鸽子如何相互吸引？

......

育种专家是指自己亲自饲养动物或种植植物并开发新品种的人。

太棒了！

啪

咯咯哒！

达尔文跟他们学到了很多东西。

感谢！

知识

如果你有机会仔细观察鸽子的话，

那么，你就会发现它们每只都长得不一样。

哦，你的嘴很尖。

实际上，鸽子的品种多得惊人。

品种真是太多了。

在我看来都是一样的！

达尔文在观察鸽子的骨骼时，

这是肋骨，这是胸椎，这是颈椎。

发现不同鸽子的头骨间差异最大，

哈哈哈！你的头真的很大。

嘘！

脊椎骨和肋骨的数量也不一样，

你的腰长，脊椎骨数量也多。

唉！真丢脸。

尾羽的数量、翅膀和尾巴的长度、腿和脚的长度及其形状等都不一样。

真是品种繁多啊！

蛋的模样和大小也不一样。

快把孩子还给我。

鸽子飞行的样子也不一样。

扇动翅膀的频率总是慢半拍啊！

有些品种的鸽子连叫声也不一样。

嗨嘘 嗨嘘

它是因为天天哭才会那样叫吗？

长出羽毛的时间也不一样。

哇，你的新羽毛好帅！

嘻！嘻！

我还没长羽毛呢！

同一品种，雌雄鸽子的长相也有差别。

别搞错了！

先申明一下……

我是淑女。

如果对专门研究鸽子的鸟类学家谎称这些家鸽是从野外抓来的，

才不是呢！

这是从野外抓来的鸽子。

是吗？

鸟类学家肯定会相信，然后自信满满地进行分类。

这些鸽子如果是野生的……

傻瓜

啪啪啪

得归到几个不同的种！

家养的鸽子变异如此之大，

真是的，都混在一起了！

有能力的鸟类学家，

啊哈！关于鸟类的问题就问我好啦！

甚至很难保证把这些品种的鸽子归于同一属*。

同一属

英国信鸽、短面翻飞鸽、巴巴利鸽、孔雀鸽。

真的吗？

＊ 属：生物分类的一个等级，介于科和种之间。

达尔文在研究鸽子的过程中发现，

从一个种的直系繁衍后代，

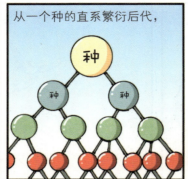

有演化出多个品种的可能性。

我跟这个丑八怪是同一祖先，太不像话了。

哼！

人类饲养或栽培的动植物品种，最典型的特点，

是什么？

是其变异不是为了动植物自身的利益，而是适应人的要求和爱好。

走。

有时也会突然出现对人类有利的变异。

真辛苦呀！

好大！

但驮东西的马和赛马不同，

它跑得真快。

羊毛的用途也不尽相同，

我的毛是用来做被子的。

我的毛是用来做衣服的。

还有对人类有益的农作物和美丽的花草，

所有这一切变化都不是突然发生的，

我们的祖先是谁呀？

而是逐渐发生的，

变异

而促使其发生变化的就是人类。

慢点走。

变异

达尔文的物种起源

动物或植物每次繁殖的后代都会发生变化，

人类挑选对自己有益的品种加以饲养，

最后导致其品种本身也发生了变化。

育种专家经常很自信地说，动植物很乐意人类对它们的改变。

有位动物鉴定家对于"选择"的原理说了下面的话：

是让农夫随心所欲地把动物

变成自己想要的牲畜的

魔术棒！

还有人评价育种专家的成就，就像是在墙上画个完美的动物形象后，

再让它变活了一样。

听听开发新品种羊的育种专家的故事。

养羊的事，我的话就是权威。

他们每隔几个月就对羊进行一次特别仔细的检查。

这家伙三天来一直打盹儿呢！

每次都把羊按等级分类，

耶！第1名！

第3名也有奖品吧？

如此进行三次，最后挑选出最好的品种。

第1名

找出羊最有价值的特点，并使其遗传给下一代，

第1名！

这些工作只有经过多年研究而且很有经验的人才能做，

哼

真是多亏了主人。

并且这样开发出来的品种市场价值很大。

100万元

通过人工选择改良品种的例子在植物中也有。

举例说明：比如个头越来越大的水果。二三十年前绘画作品中的水果

和如今的水果相比，

通过个头大小的变化，就可以知道其间该品种改良了多少。

达尔文的物种起源

当一个品种育成之后，园艺家就会把不符合标准的全都拔掉。

这些不要了。

人类饲养动物时也适用这种方法。

碎

出去！

人类不会蠢到挑选最差品种的动物来饲养。

奶减少了。

跟你说过别挑食！

这样当自然出现变异时，

耶！

这么多？

牛奶

人类就选择有利的那个变异并使之代代遗传下去。

我也想跟妈妈一样。

那就不能挑食哟！

人类自己并不能改变动物或植物的内部结构或外部形态。

牛奶

过分了吧？

是过分。

比如饲养者发现了尾巴样子独特的鸽子，

帅吧？

就把这特征保留下来，

我要让你变得更帅。

最终培育出孔雀鸽。

哇——了不起！

我的作品。

准确一点说，不是培育出来的，

只收集长尾巴鸽子吧！

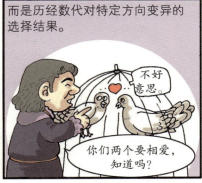

而是历经数代对特定方向变异的选择结果。

不好意思。

你们两个要相爱，知道吗？

这才是准确的说法。

是我！

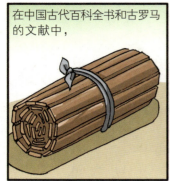

在中国古代百科全书和古罗马的文献中，

也有对这种方法的详细记录。

从这点就能知道，古人

你自己跑呀！

给我培育跑得更快的马。

已为改良家畜品种而努力。

抓住他！

被抓住就死定啦！

在此介绍一下人工选择改良品种时的有利环境

好多呀！

农作物

和不利环境。

我只有两个。

变异性高

土豆大王

利于选择，是因为提供了大量的被选材料。

咕噜咕噜

即使觉得没什么特别变化也不要轻易忽略。

肯定有不同的特点……

发现动植物个体之间的微小差异，

都差不多，还挑什么呀？

就是！

会结出好果实报答你！

挑我！

我也很帅呀！

并往理想的方向不断地累积。

但是对人类有利的变异是偶尔出现的，

所以要抓住机会。

平时饲养的动物或栽培的植物种类越丰富越好。

也可以这样说，对于人工选择的成功，重要的是个体数量。

所以大量栽培苗木

或大量饲养牲畜的人，

产生新变种的条件更有利。

更重要的是，不管动物或植物，

都得特别注意个体的品质或构造。

果农种的草莓再多，

如果无法发现草莓之间的微小差异，

也不能改良品种。

如果从草莓中挑选个头最大

这家伙看着真壮实!

或成熟最快

寒冷也无法阻止我早熟。

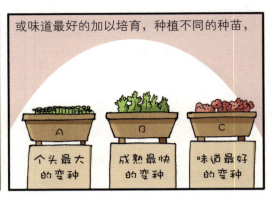

或味道最好的加以培育,种植不同的种苗,

A 个头最大的变种

B 成熟最快的变种

C 味道最好的变种

从中再挑选出最好的种苗加以繁殖,肯定会培育出优良的变种。

哇,长满了又大又甜的草莓啊!

有了这样的果农,我们才能吃到现在这么好吃的草莓。

对于动物,防止杂交

真美慕!

骡子

是培育新品种的重要条件。

妈妈,我到底像谁呀?长得这么帅!

鸽子因为一辈子只跟同一个伴侣交尾,

老伴快来吧!

沙沙

孙子们正等我们呢!

所以维持纯种就比较容易,

你是纯种的英国信鸽?

是。

鸽子的繁殖很快,

爷爷!

奶奶!

哎呀,孩子们。

扑啦扑啦

对改良品种也很有利。

我们鸽子有290多个品种。

再来看一下猫,

它们习惯在晚上窜来窜去,所以不容易控制交配,

喵……

因此很难长时间地保持一种猫的品种。

女朋友等不及就走了!

啊!好累。

你是我们家的猫咪,对吗?

驴也是不容易改良的品种。

瞌睡虫,快点起床,得干活了!

唉……

那是因为只有穷人饲养驴,

快!把这些东西卖了,我们才能生活下去!

多不关心它们的繁殖。

帮我找个对象吧!

快睡吧,明天还要干活呢!

但是最近听说在西班牙和美国一些地区

挑谁好呢?

成功地改良了驴。

兄弟,来赛跑吧?

虽说变异性小的动物

品种就少,

老了谁给我挠后背啊!我一个后代也没有!

挠

挠

但是猫、驴、孔雀等动物的品种缺乏多样性,

你也孤单了吗?

主要原因是选择未发生作用。

把它用在什么地方都不值钱!

迄今为止，人类为了自己的利益

你好！

哇！

改良饲养动物的品种，

啊嗖嗖

不会叫呀！

这些品种的改良是选择积累的结果。

咿呀呀

哇！

动物饲养者或植物栽培者及育种专家，

通常是向着明确的目标努力开发新品种。

一石二鸟。

但是从长远来看，更重要的是普通人的无意识选择。

汪　汪　汪

养狗的人会尽量养优良的狗，

我是美国名犬。

可卡猎鹬犬

在自己养的狗中选择最优秀的让其繁殖。

这个血统很不错。

虽然人们并没有特意想要改良狗的品种，但是以这种方式持续下去的话，

第1代

第2代

第3代

所有品种都会被改良的。

所以就有了我！我叫狮虎！

达尔文的物种起源

这些选择都有一定的方向性，但是其发生的每一个瞬间人们往往意识不到。

假如在同一个地方生长着同一种花，

因为地层隆起，它们被分为两组，

两组花在不同的环境下出现突变，

但是正因为意识不到，才可能经过数百年或更长时间的选择和积累变异。

在突变中对环境适应良好的优良品种才会活下来。

经过漫长的岁月，由于地层沉降，两组花又处于同一环境中，

但此时这两组花已经变异成了不同的品种了。

综上所述，选择的不断积累

才是生成新品种的最主要动力。

品种和育种

动植物的多样变异和选择

　　达尔文从介绍自己饲养的鸽子及别人饲养的鸭子、猫、鸡、马、狗等动物的故事开始了《物种起源》的第1章。达尔文讲这些故事的目的就是想告诉读者，人类饲养的动物或栽培的植物种类繁多，这些动植物跟同种的野生状态下不一样，其种间变化很大，这是因为人工选择了这些动植物的某些特性，这些特性就被动植物一代代遗传并积累了下来。

　　看上去似乎很平常，但其实达尔文在这里提出了进化论的两个最重要的概念——变异和选择。就是说，所有的生物各自都不一样，是通过选择积累了变异的结果。达尔文结束了5年的世界环游后回到英国，一直致力于找出支持自己关于物种起源想法的根据，其研究对象首先是人类饲养的动物和栽培的植物。

人工选择概念的确立

　　鸽子在飞禽中是家族最旺盛的，在世界各地都有分布。鸽子饲养比较容易，一只鸽子一生只有一个伴侣。达尔文可能是考虑到这些特点才选择了鸽子作为研究对象。饲养鸽子是当时英国人比较流行的爱好。人们为了得到符合自己意愿的鸽子，把雌雄鸽子放在一个笼子里交配。人类把在自然状态下存活的动物进行人工交配并加以选择，得到按自己的意愿改良后的动物叫作品种，把这种工作叫作品种改良或育种。

品种是指属于同一种但是模样或特点都有所不同的群体。比如我们经常接触的狗的品种有珍宝犬、松狮犬、斗牛犬、寻血猎犬、达尔马提亚狗、巴哥犬等，数不胜数。这些品种都属于一个种之内。按照研究结果，所有的狗都是从狼进化来的，人类从1.4万年前开始，通过人工选择培育了400多个品种的狗。在植物中也有很多人类开发的新品种。圆白菜、西蓝花、紫甘蓝、苤蓝、菜花等从外观上看都不一样，但是这些也都是把野生甘蓝选择性地栽培改良而得到的品种。这些品种是人类在长时间培育过程中得到的。在达尔文生活的18世纪和19世纪，有很多植物学家研究育种，这个时期也是近代育种学的发展期。当时，达尔文跟许多著名育种专家和园艺专家直接对话，并通过阅读图书收集资料，也亲自饲养动物和栽培植物，从中掌握了大量知识。达尔文在日记中提到，他根据培根归纳法整理这方面的资料。达尔文一边研究人类对品种的改良，一边关注被人工选择而积累起来的变化，从而确立了人工选择的概念。

第4章

自然状态下的变异

要把在前一章得出的原理

应用到自然状态下的生物，

身体颜色会变哟！

眼睛会360度旋转哟！

首先要知道自然状态下生物是否发生变异，还要搞清种的概念。

你是猪还是袋鼠？

你呢？

关于种的概念，现在还没有令人满意的答案。

种

博物学家对种的表述大同小异。

原来是蝴蝶的幼虫啊！

哇，博士！

变种的定义也难以确定，

跟我一样戴上眼镜好好看！

眼镜猴

但可以肯定，几个变种的起源是共同的。

样子不一样，但我们是堂兄弟。

哥哥！

同一父母生的孩子彼此之间也会有所不同，

这些家伙还真是不一样呀！

看看，我的脚大吧？

我的美貌让我引以为豪！

这算大吗？

同样的道理，同一地区的同种个体也会不一样。

一二一二！

哎呀，跑步不是我强项！

这些微小的差异叫作个体差异。

没什么差异呀！

这种个体差异对我们人类来说很重要。

重要标志！

大家都知道，这些差异往往是会遗传的。

哇——妈妈跑得真快呀！

就像是人类把饲养生物的个体差异

龇牙

向一定的方向累积一样，

主人啊，让我做你的眼睛吧！

在自然选择的作用下，个体差异就成了自动累积的材料。

多吃点，好传宗接代。

哇，真好吃！

具备了种的特征，同时又像别的种，

你是仙人掌吗？怎么这么像香蕉呀……

但又不能独立列为一个种，这样的生物对达尔文的研究很重要。

你好！

请你帮我找到我的起源吧！

当两种生物具有模糊的过渡特征而分不清属于什么种的时候，

你好！我是长南瓜。

学者们一般将一方看作是另一方的变种，

变种

是怀疑我吗？

一般倾向于把数量多的或最先认识到的一方放在种的位置上，

谢谢朋友们。

而把另一方定为变种。

唉，永远的局外人。

变种

实际上，能否把一方定义为另一方的变种是很难说的。

到底是鸭子还是河狸呀？

我该跟谁一起玩啊？

？

不是河狸。

举个例子。

达尔文的一位赞助者华生先生

嗨！

列出了过去曾被定为种，

种

啣
啣 啣

但现在植物学家公认为变种的英国植物有182个。

唰啦

英国植物 182变种

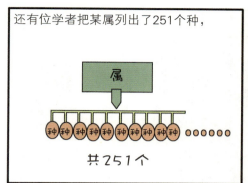

还有位学者把某属列出了251个种，

共251个

而另一学者将其列为112个种。

属

种

112个

两者之间有139种这么大的差异！

139
139种

对每次繁殖时更换配偶的动物

别管那么多，快点吃吧！

谁是我们的爸爸？

和季节性迁移的动物进行分类时，

向着温暖的南方出发！

同一地区的学者对列为种还是变种的认识比较一致，

种

确定是同一个种。

但是不同地区的学者，意见往往不同。

肯定是变种呀，这还需要讨论吗？

都是同一种啊！

看起来像突变呢！

在北美和欧洲，有许多差异细微的鸟和昆虫，

有的学者会将其认作是种，

把你任命种。

嗯！

有的学者会将其认作是变种，这种情况比较常见。

你们就是变种啊！

一般情况下，区别种还是变种

你跟我是同一种吗？

必须发现它们之间的变异，

你好，兄弟！

嗯

或明确地知道二者之间的差异。

它和我们不是同一血统。

谢谢弟妹！

把一个类型列为种还是变种，

是变种，没错呀！

是种啊！

得听取有经验的博物学家的意见。

是变种没错，就是变种。

对吧？

但是，有时候有的学者认定为变种，

别太失望了。

那么，属于同一种。

而其他学者认定为种，

种的可能性有99.9%。

这时就只能少数服从多数。

确实是同一种。

啊！没办法，他们人多！

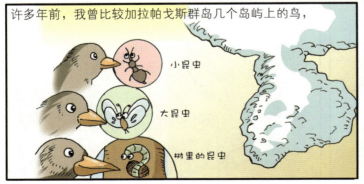

许多年前，我曾比较加拉帕戈斯群岛几个岛屿上的鸟，

小昆虫

大昆虫

树里的昆虫

以及和美洲大陆的鸟比较时，

扑啦啦！

看起来也有点像啊。

达尔文的物种起源

都深切感受到了区别种和变种的难度。

你是谁？

它们属于同一种？还是属于别的种？

不认识我吗？

也就是说，在确定种和变种方面并没有明确的标准，

变种 变种 变种 种 变种 变种 种

种和亚种*之间也没有明确的界线。

塞加羚羊

亚种

你是亚种？

是吗？

亚种和显著的变种，

叫哥哥！

什么呀？

不显著变种和个体差异之间也没什么明显的差异。

咱们比赛跑步吧？

＊亚种、品种、变种：说明种以下多样性的术语。

这些差异互相关联，

并发生着特别微小的、逐步的变化。

嗯？它什么时候变得这么厉害？

"连续性"让达尔文意识到生物进化的进程。

啊哈……

人　猴子　马

生物学家一般不关注个体之间的微小差异，

劳驾？

而是寻找共同特点。

找到了！

但是达尔文认为，个体之间的差异

个体

个体

差异

吱扭

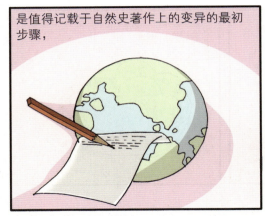
是值得记载于自然史著作上的变异的最初步骤，

而且还是走向变种、亚种和种的第一步。

剑齿象

古乳齿象

始祖象

大象的进化过程

达尔文挑选了其他科学家已经研究过的

热心！

热心！

几种植物，

把所有的变种用图表表示。

植物图表

学者们已经证明，植物分布的地区越广，

其变种也越多。

你住在哪里？是变种吗？

住得远，我的样子就变了。

分布地区越广，这些植物的生活环境也就越多样化，

这是我们的地盘！

让我们和谐相处吧！

与其他生物的竞争也更加激烈。

太靠近我会发生什么事知道吗？

哎呀！

达尔文通过分析发现，在一个特定的地区，

个体越多，

扩散广的物种，分布比较均衡时，

去更广阔的天地吧！

就会出现显著的变种。

也就是说，是新物种的初期。这种优势物种具有分布地区广，

做一个新的种吧！

蒟芋

包含很多个体的特点，

这很容易猜到。

猜对了！

变种的后代接下来要和该区域的其他物种去进行生存斗争，

绝不把地盘让给你们。

我们已经连续三代住在这儿了。

掌握了优势地位的种群留下优势后代的可能性更大，

哎呀，我的漂亮宝宝们。

妈妈，我们真的漂亮吗？

后代的形态虽然会发生改变，

呼——歇会儿再走吧！

嗡嗡

但它们继承了亲种最优秀的特点，

啊，舒服！

并为在该区域继续生存做好了准备。

啪嗒

哇——救命啊——

这里所说的优势是指相互竞争的生物所具有的优点，

在自然状态下得通过竞争才能活下去！

我们先住在这里的。

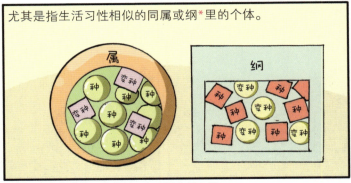

尤其是指生活习性相似的同属或纲*里的个体。

属

纲

* 纲：生物分类的一个等级，介于门和目之间。

比如在水里，有些绿藻

比其他高等植物数量多、分布广，

哈哈，鳟鱼先生去哪儿啊？

小家伙真淘气……

即便这样，也不能说它们是比高等生物更有优势的种。

真是小看我们！

从种具备明确特点而容易区分的观点来看，

嗨，胖子！

嗨，瘦子！

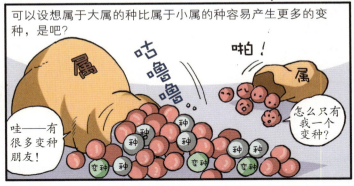

可以设想属于大属的种比属于小属的种容易产生更多的变种，是吧？

咕噜噜……

啪！

哇——有很多变种朋友！

怎么只有我一个变种？

有了设想是不是就该加以验证呢？

唰

所以，达尔文把12个地区的植物

12个地区

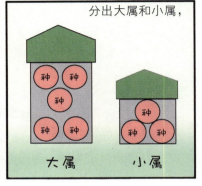

分出大属和小属，

大属

小属

分别查看了大属的种和小属的种出现变种的概率。

变种请举手。

我！ 我！

结果大属的种比小属的种

到属于自己的种里排排站吧！

咕噜

生产变种的概率高多了。

属 种

啊，数量太少了。

属 种

哇！我们更多耶！

在甲虫里也有这种现象，

你到底是谁？好像变种啊！

我也是步甲科呀！

而且也确认了大属的种

属 种

属 种 变种

我所属的种真大呀！

比小属的种产生变种的概率更高。

唰

看上面的图就明白了！

在大属的种及其变种之间还有些地方值得关注。

我是属于大属的种。

哦？我也是这个属里的变种啊……

前面已经说过，区别种和显著变种的绝对标准是不存在的。

我没特点吗？

绿蝽   其标准是……   绿蝽的变种

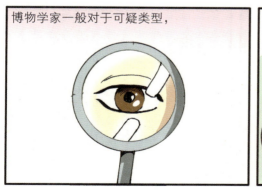

博物学家一般对于可疑类型，

找不到中间环节的话，

？ 变 种

种

就会依据在它们之间找到的差异量，把差异大的放在种的位置，

唰   种

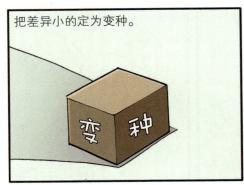

把差异小的定为变种。

变种

差异的程度是决定两个类型的生物

告诉我们是否属于同一种。

它让我叫它哥哥呢！

啄木鸟的一种（白喙）

啄木鸟的一种（黑喙）

定为种或变种的重要标准。

你是你，我是我。

我们不是同一种吗？

但是在植物和昆虫的世界里，

我正吃饭呢，有什么事？

种和种之间的差异很小。

大属

没什么差异，

对吧？

大属的种间，倒更像变种。

都像变种啊？

没有个性……

如果种是由变种逐渐发展而来的，那么不同的种之间相似的现象也就不是那么难理解了吧！

新创立了一个家族呀！

闪闪发光

我的孩子们有新的姓了！

这样，各大属里

B属

A属

最旺盛

啪嗒啪嗒

蚱蜢群追过来了。

或最优势的种，

我们没事。

好热啊！

可以产生出更多的变种，

小家伙。

我们也快点长大独立吧！

哎呀——可爱的宝贝们。

而且变种有演变为新种的倾向。

任命你为种。

哇！终于独立了。

经过这样的演变后，

属

嘭

啪

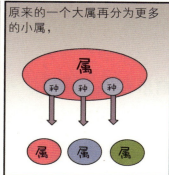

原来的一个大属再分为更多的小属，

属
种 种 种
属 属 属

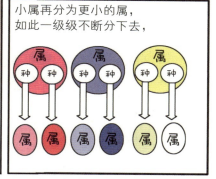

小属再分为更小的属，如此一级级不断分下去，

属 属 属
种 种 种 种 种 种
属 属 属 属 属 属

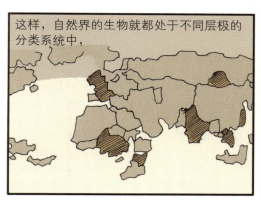

这样，自然界的生物就都处于不同层极的分类系统中，

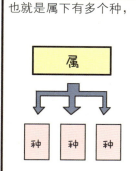

也就是属下有多个种，

属
种 种 种

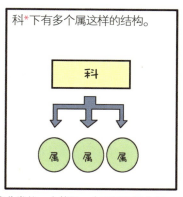

科*下有多个属这样的结构。

科
属 属 属

*科：生物分类的一个等级，介于目和属之间。

综上所述，现在的种就是由过去的变种

变种啊！

哼！

种

逐渐进化发展来的。

而且，大属中的种跟变种是很类似的。

如果说每个物种都是由上帝独立创造出来的，那将无法解释各种之间相似的理由。

种和林奈的二名法

鸣鸟的启示

达尔文认为变种和种之间的界限不是绝对的。他想传达给读者的是，种是从变种逐渐发展而来的。达尔文的这些想法源于在环球旅行中对加拉帕戈斯群岛雀科鸣鸟的观察。达尔文发现了在加拉帕戈斯群岛的各个岛上栖息的雀科鸣鸟都不同这个细微的差别。

回到英国后，达尔文把这些鸟的标本交给鸟类学家戈登，戈登告诉达尔文这些鸟不是变种，而是互不相同的种。那时，达尔文的脑中就形成了一个清晰的概念，就是动物或其他生物都可能会发生逐渐的、缓慢的、连续性的变化，他认为经过长时间进化后，和加拉帕戈斯群岛的雀科鸣鸟一样，向不同方向变异的动物会变成不同的种。

林奈的贡献

对种的概念加以系统化的人是比达尔文早102年出生的瑞典博物学家林奈。他凭借着生物结构上的差异对物种进行了分类。林奈的分类法目前科学界仍在普遍使用。但是这种方法并不完美，正如达尔文所说，在很多情况下无法明确地分类。达尔文离世后，遗传学的发展带动了生物学的发展，从而找到了通过交配或授粉等生殖过程留下后代的基因的不同来区别种的方法。

　　林奈虽然不了解遗传学，但是他通过精细分析生物结构上的差异对种进行了分类，再进一步把共同点多的种分成了大一级的单位属，然后把几个属聚在一起作为一个科，再把几个科聚在一起作为一个目，在其上面又分了纲、门、界，从而形成了种—属—科—目—纲—门—界的自然界生物分类体系。

　　林奈给不同的种起了名字，由他发明的物种命名方法被称为二名法，即用两个拉丁词构成某一种生物的学名，学名的第一个词是属名，第二个词是种加词（种小名）。为了在全世界通用，采用了当时欧洲学界的通用语言拉丁语。从此以后，人类有了对生物的分类体系，也可以说真正客观地研究生物分类是从林奈开始的。

人类的分类学地位

界	动物界
门	脊索动物门
纲	哺乳纲
目	灵长目
科	人科
属	人属
种	智人

生存斗争

生活在地球上的众多生物到底是如何适应环境并演化到今天的样子的呢?

悄悄出去一趟!

!

哇，饭来了。

啊

呸

啄木鸟和槲寄生相互适应得很好，

咚咚

咚咚

出来呀!

太狠心了。

寄生于动物被毛之中的小寄生虫

旮旯旯旮都要挠好啊!

哈哈，知道。

也相互适应得很好。

跳蚤们，快跑呀!

哎呀，想再吃点儿!

靠微风吹送的种子，

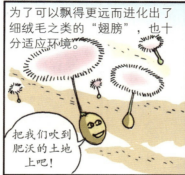

为了可以飘得更远而进化出了细绒毛之类的"翅膀"，也十分适应环境。

把我们吹到肥沃的土地上吧！

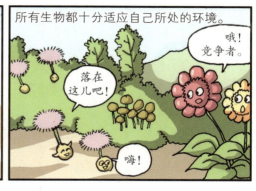

所有生物都十分适应自己所处的环境。

哦！竞争者。

落在这儿吧！

嗨！

那么，被称为初期物种的变种

怎么有斑点？

哇——是变种啊！

是怎样变成正式物种的呢？

把我们定为种吧！

差不多了，决定吧！

这个问题在下一章中有具体的说明。

哇，很期待下一章啊！

简而言之，这一切都是生存斗争的结果。

我先找到的，是我的。

我摘下来的，当然是我的。

我的。

哇，竞争很激烈。

为了适应残酷的生存斗争，生物都会发生变异。

啪

比别人更强才能生存下去。

哇，真帅！

无论发生何种微小的变异，

在地洞里住，就可以放心地吃东西了。

草原犬鼠

只要对个体有利，

搬到这儿真好！

袋鼠

个体就会保存这种变异并遗传给后代，

得在水里盖房子喽！

河狸

其后代同样也就具备了更多的生存机会。

无论什么物种都会周期性地繁殖众多后代，

但是活下来的

往往只是其中的一小部分。

为了与"人工选择"加以区别，达尔文把每一微小的变异只要有利即可保存这个原理

用"自然选择"这个词加以概括。

后来，英国哲学家赫伯特·斯宾塞首次使用了

"适者生存"这个词，

比"自然选择"一词表达得更准确，也更方便。

通过人工选择人类获得了巨大效益，而生物的自然选择是一直都在发生着的。

人类为了达到自己的意图而逐步积累生物变异，

这个事实已经在第1章里提到了吧？

接下来要说到的自然选择，其作用是永无止境的，

是人类根本无法比拟的伟大力量。

为了生存而产生普遍竞争，这一事实在理论上容易得到认可，

但是这个结论在人们心中得到认可可不容易。

如果我们不深入思考这个结论，

就不会彻底明白自然界的体系。

我们往往很享受大自然中的一切。

第5章　生存斗争　　83

当人们在享用丰盛的美食时，

有谁会想起鸟儿会吃昆虫，

而昆虫在不断被扼杀的事实呢。

我们也忘记了另一个事实，那就是鸟儿

也会被其他的肉食动物吃掉。

而且我们同样也没有意识到，

虽然对我们来说现在的食物大有盈余，

但是将来不一定会一直这么充裕。

生存斗争不但是为了维持个体的生存，

还是为了繁衍后代。

生存斗争的形式多种多样。

达尔文的物种起源

两只饥饿的昆虫

想要和我打一架吗？

到口的肥肉能让给你吗？

想要抢占有限的食物，一定要相互斗争才行。

哇！趁机逃走吧！

在沙漠中生长的每一棵植物，

苦尽甘来……

也可以说是为了生存与恶劣气候做斗争的产物。

妈妈，咱们搬到森林里去吧！

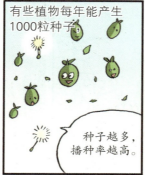

有些植物每年能产生1000粒种子，

种子越多，播种率越高。

但最终能存活下来的平均只有一粒。

哇，食物！

只有我一个人扎根了。

它们必须跟已经在地面上茂盛生长的其他植物进行激烈的竞争。

走开！

让我住这吧！

槲寄生是依靠多种树木存活的，

也可以说它们是跟这些树木竞争。

如果在一棵树上有太多的槲寄生，

走开，真太憋闷了！

那这棵树就会枯萎。

呃啊！

搬到别的树上去住吧！

槲寄生靠鸟类来传播种子，

在这棵树上植根吧！

鸟屎里怎么会有种子啊？

也可以说，槲寄生是依靠着鸟类生存。

可爱的鸟啊，请多吃我的果实吧！

所以说，

槲寄生诱惑鸟儿食用自己的果实，

你为什么喜欢鸟呀？

鸟儿们，这里有很多好吃的！

然后传播种子，也可以说是在跟结果实的其他植物相互竞争。

它们可以把我们的种子广泛传播。

所以，这些都可以说是生存斗争或生存竞争。

我们的果实对皮肤特别好！

我们的果实是健康食品！

那么，能不能避免生存斗争呢？

嗒嗒嗒

这是不可能的。

竞争

咯

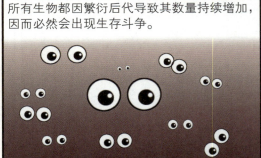

所有生物都因繁衍后代导致其数量持续增加，因而必然会出现生存斗争。

一些生物从卵或种子开始，

再生出卵或种子，最终都会死亡。

现在是你的世界了。

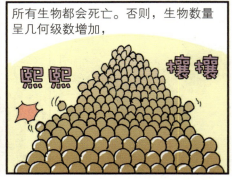

所有生物都会死亡。否则，生物数量呈几何级数增加，

熙熙

攘攘

达尔文的物种起源

地球将无法承载如此大的负担。

再也坚持不住了。

由于新生个体的数量远远大于最终能存活下来的个体数量，

饿了！

给我饭！

所以，所有生物不得不跟同种个体或其他物种进行生存斗争，

竞争者！

同时还要跟现实的生存环境斗争。

像草叶吧？

出现这种生存斗争的主要原因是所有生物繁衍的后代太多。

妈妈，我饿了！

这是我的食物！

都盯着我……太过分了！

嗷

个体与同种或其他种个体

不行。

给我。

以及生存环境斗争这个结论，

走开！

这是我的位子。

是达尔文把马尔萨斯的人口理论应用于生物界得出的。

人口呈几何级数增加，但是粮食跟不上就会出现竞争啊！

如果所有生物都非常快地增加并且不死亡的话，

增加

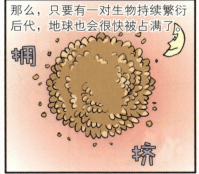
那么，只要有一对生物持续繁衍后代，地球也会很快被占满了。

挤

挤

按照林奈的计算，

如果一对一年生植物一年只结两颗种子，

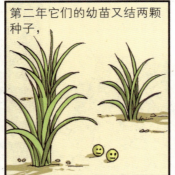
第二年它们的幼苗又结两颗种子，

那么，过20年后就会有100万株这种植物了。

哇，惊人的繁殖力！

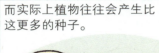

而实际上植物往往会产生比这更多的种子。

在动物中，大象属于繁殖很慢的动物，

我是那样吗？

达尔文按大象的最低自然增长率计算过在一定时间内大象会增加多少。

开始！

能增加多少呀？

假如大象从30岁开始生孩子，到90岁止，共生了6头小象，

晚年生的儿子可爱！

我们快长大吧！

大象的寿命为100岁的话，在750年后，

哎呀，关节好疼啊！

计算结果是……

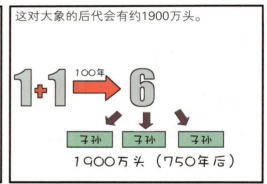
这对大象的后代会有约1900万头。

1+1 100年 6

子孙 子孙 子孙

1900万头（750年后）

植物也一样。

就在这个岛住下吧！

很多外来的植物，

哇——新鲜。

用不了10年就会在新登陆的岛上茂盛生长。

这个岛是我们的了。

达尔文的物种起源

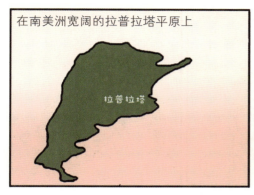

在南美洲宽阔的拉普拉塔平原上

经常见到大面积的刺莱蓟，

实际上这些植物从欧洲来到这里并没有多长时间。

外来的植物怎么要把我们赶走呀？

这边环境更好！

在自然状态下，几乎所有植物都会产生种子，

我是毛白杨的种子。

而动物几乎每年都会进行交配产仔。

是我对象！

啪 咔

哎呀，我的人气实在是太旺了。

所以达尔文很确信，

百分之百确信！

叮

第一，所有动植物都有呈几何级数增加的倾向。

第二，只要是能生存的地方，不管哪里，都会很快被动植物占领。

也得让我活呀！

爬山虎

第三，在每一代或每隔一定时期，动植物呈几何级数增加的现象会遭到限制。

暴风鹱一次只产一枚蛋，

妈妈，妈妈。

宝贝儿子！

但它是全世界数量最多的鸟。

第5章　生存斗争　　89

有些苍蝇可产数百枚卵，但是虱蝇一次只产一枚卵。

似乎产卵越多越有利于繁殖，

实际上产卵的多少并不能完全决定其个体的生存量。

大量产卵或产籽，是为了应对生命周期内会出现的大量死亡情况。

这种大量死亡的情况大多在幼时发生，

所以，某种动物如果保护好卵或幼体，那么只生少量后代也可以使种群延续。

重要的是能不能维持住平均个体数。

如果卵或幼体死得多，就要多生孩子，

否则就会导致种族灭绝。

总之，无论如何，卵或种子的数量

都不会直接影响动植物个体的平均数量。

达尔文的物种起源

我们观察自然时会发现，

所有生物都有增加自己种群个体数量的倾向。

各种生物一生之中都在进行生存斗争，

因此地球才可以容纳所有这些生存者。

生物的自然增加会受到很多因素的限制和影响。

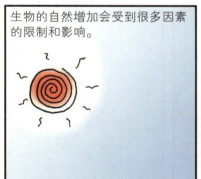

首先是食物数量有限。

为了生存，动物必须捕食其他物种。

有时候物种的个体数量受被其他动物捕食情况

的影响更大。

比如野兔的数量

是由捕食它们的动物

的数量决定的。

气候对物种的个体数量变化也有很大的影响。

偶尔出现的极寒或炎热天气能有效控制生物数量的增加。

有一年，天气极度严寒，

我居住的地区，80%左右的鸟都死亡了，

可以感觉到大自然的寂静。

可怕的具有极强杀伤性的天气，真是一想起就让人战栗不已。

当气候变化导致食物减少时，

达尔文的物种起源

赖以生存的动物之间生存斗争就更加激烈了。

嘿，你胆儿还真大！

狮子

鬣狗

把腐肉还给我！

连名片也不敢往外拿呀！

在竞争中处于弱势地位的个体或抢不到食物的个体，

呜汪

嗷

你们实在是太强了……

就会逐渐从竞争中退出。

唉——太困了，得歇一会儿。

无法适应环境变化的个体，

在大自然的严酷打击下无能为力，从而失去生命。

哇

吃不到就别吃！

我还要吃。

让开！

传染病也是阻碍物种个体数量增加的因素。

哪儿脏我就去哪儿。

如果某种环境很适合某个物种居住，那么在很小的范围内该种的个体数量就会极大增加，

这样就更容易发生传染病。

挠

挠

为什么你一直挠痒啊？

互相靠得太近就容易被传染。

哎呀，太痒了！

我也是。

为什么这么痒呀！

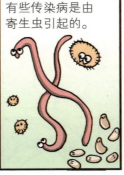

有些传染病是由寄生虫引起的。

这些寄生虫在动物密集的地方更容易产生。

吱

吱

聚集在一起的动物很容易相互传染，

自从这些家伙来了，我就开始痒痒——

寄生虫数量也会快速增加。

流口水啦！

在这种情况下，寄生虫和宿主之间会产生一种竞争。

全身都不对劲儿。

我也是。

吃了蝙蝠就开始发烧了……

不管是什么生物，都会受到各种各样因素的制约。

我一点也不好吃而且还很臭的！

没关系的。

加油！

嗒嗒嗒

一般情况下受一两个因素的影响最大，但多种因素综合发挥作用，

啊！

让我抓到不就行了嘛！

则能决定物种能否发展延续。

我的一生就到此为止啦！

在同一个地区，互相斗争的生物之间，其关系是非常复杂且超出预料的。

哇——太复杂啦！

从分类上看距离很远，感觉相互没有什么关联的动物或植物之间，

嗨！过得好吗？

不认识它呀……

也都像一张网一样纠结缠绕在一起。

一个个解开吧！

三色堇、

三叶草等植物

飞了这么远，终于有收获啦！

要想成功授粉的话，就离不开野蜂的帮助。

让我多吃些蜜，我就帮你传播花粉。

因为其他种类的蜜蜂不会到这些花中采蜜。

谢谢，再见！

所以，如果英国消灭了这种野蜂，

三色堇和三叶草也都会相应绝迹。

如果说有些地区猫的数量变化

是说我吗？

会引起该地区花的种类变化，你能理解吗？

神不知鬼不觉……

听上去怪怪的，猫和花好像没什么关系。但这却是事实。

想知道吗？

它们怎么啦？

快去抓老鼠吧！

好懒的猫啊！

现在就告诉大家这种说法的根据。

紧急通知

野蜂的数量是由野鼠的数量决定的。

哇，好甜哪！

因为野鼠会破坏野蜂的蜂窝，

哎呀——辛辛苦苦攒的食物全被吃光了。

但是猫会抓野鼠吃。

喵

因此，野鼠的数量就取决于猫的数量。

实际上，野蜂的蜂窝多发现于猫多的村子里。

因此，一个地区猫的数量

会影响该地区野鼠的数量，

出来一起玩吧！

野鼠的数量会影响野蜂的数量，

野蜂的数量就会影响花的种类和数量。

所以说，表面上看来没有关联的猫和花之间也是有关联的。

我们看到生长在弯弯的河边的树木，

如果认为这些植物的种类和数量是偶然决定的，

这种想法就大错特错了。

绝对不是！

在美国南部一个古印第安废墟，以前森林里的树木被全部砍掉了，

但现在这个森林又恢复了茂盛，而且有多种生物生长于此。

那些每年散播数千种子的各种树木之间的竞争该有多么激烈呀！

而昆虫、鸟以及其他小动物为了吃到树和树的种子也会有多大的竞争啊！

将一把羽毛抛向空中，

它们都会依一定的法则飘落到地上，

然而要确认每支羽毛落在何处，则是个难题。

但是相比较要弄清楚经过古印第安遗址上

动植物的种类和数量的比例，

以及数百年来动植物间

相互作用的法则，就会觉得非常简单了。

一场无声的战争！

一种生物与另一种生物的依存关系，

呼——憋死我了！

请把我的种子散播在肥沃的土壤中。

会出现在亲缘关系较远的生物间。

但是远缘生物如蚂蚱和

怎么啦？

食草动物之间也会相互斗争。

走开！

?

同种内的变种间的斗争也很激烈。

呀！

因为它们的饮食、生存空间、生活习性都差不多，

差不多吃饱了，去睡觉吧！

在有限的条件内会发生激烈的竞争。

吃饱了，睡一会儿吧！

呼呼

哇，吃得怎么这么干净啊！

达尔文的**物种起源**

因此，在自然界

叫大哥！

没它厉害，没办法啦……

生活在同一地区的近缘物种之间

谁允许你在这儿捕猎的？

你敢跟我叫板！

斗争会更加激烈。

可爱的宝宝。

哇，饭来了。

抢！

那么，在为了生存的激烈战争中，

一个物种是如何战胜另一个物种而生存下来的？

放开我！

这个问题还没有明确的答案。

到我们家的客人应该好好照顾呀！

啊……我的一生到头了！

可以明确的是，所有生物在生存斗争中都拥有各自的武器。

好恐怖的舌头！

吸溜

老虎依靠尖锐的牙齿和爪子捕获猎物，

蒲公英依靠种子上长得像羽毛一样的绒毛随风飞到远处传播后代。

各种生物都十分善于利用自己的生存武器，并繁衍更多的后代。

这就是生存斗争的本质。

喵

马尔萨斯的《人口论》

抑制生存的力量

达尔文在《物种起源》中关于生存斗争的想法来源于马尔萨斯的《人口论》。马尔萨斯认为，人口数量呈几何级数增加，即1→2→4→8→16地增加，而食物供应呈算数级数增加，即1→2→3→4→5地增加。所以，人口数量的增加超越食物供应的增加，这个矛盾最终是由传染病、战争、极端的贫困等缩短人类寿命的因素调控的。

马尔萨斯的"人口有持续膨胀的自然倾向，亦存在抑制该倾向的强大力量"，这些主张深深植根于达尔文的脑海中。经过对动植物的长时间观察，达尔文很快意识到在生存斗争中生物的有利变异会被保存下来，而不利的变异会逐渐被淘汰，而且也想到了其结果是新物种的诞生。达尔文这时便确立了进化论，即适应性好的生物会更好地生存下来，并继续繁衍下一代的自然选择理论。

达尔文主张，影响生物物种个体数量的直接因素不是卵或种子，而是抑制生存的因素，包括捕食者、有限的食物、气候、传

▲托马斯·马尔萨斯（1766—1834）

染病等。他认为，在与这些因素有关的生存斗争中，所有生物都以很复杂的关系相互依存、相互影响。达尔文确信自然界的生存斗争是不可避免的，而近缘物种之间会发生最激烈的生存斗争。

对生存斗争的误解

争夺同一食物的两种动物、在荒漠地带与干燥气候斗争的仙人掌、利用自己的甜蜜果实引诱鸟来散播种子的槲寄生等，这些都是达尔文所说的生存斗争。观察多样的生存斗争会发现，生存斗争既有冷酷的一面，也有温暖的一面。

达尔文的生存斗争理论给人们留下不好印象的原因是，有些人在达尔文离世后把他的理论盲目地用于人类社会。达尔文在世的19世纪末和达尔文离世后的20世纪初，社会上风靡"社会达尔文主义"或直接将达尔文生物进化论用于人类社会的"社会进化论"。但是达尔文与所谓社会达尔文主义并没有直接关系。如果达尔文复活的话，说不定会以侵犯版权罪控告这些人呢。

自然选择或适者生存

第6章

生存斗争对生物变异有什么影响呢？

这家伙还敢侵犯我的领域！

鸬鹚

生物在自然环境下也会受到选择原理的影响吗？

我漂亮吧？

这口水，真脏啊。

达尔文的回答是肯定的。

这是铁一样的事实。

就像饲养的动物或栽培的植物会产生变异一样，

今年的样子和往年有点儿不一样啊！

自然界的生物也会发生变异，

边搅动边抓鱼才行。

哗哗哗

并且这些变异的遗传倾向非常明显，这是必须牢记的事实。

母亲的嘴巴长，孩子的也不会短哪！

家养生物会朝着对人类有益的方向变异，

沙漠之舟。

但是变异并不是由人类直接操作产生的。

自然生成的。

人类不能创造变异，也不能阻止变异发生，

哇,蜜蜂授粉!

只是把自然发生的变异保存并积累起来而已。

养蜜蜂能吃到蜂蜜。

抓小偷!

人类为了自身利益培育品种，

小的吃起来方便。

像我这样才是西红柿啊!

生物的变异则是为了物种生存繁衍的利益。

接吻鱼

生个漂亮的宝宝吧!

人类仅限于对部分生物产生影响，

小家伙又有采集昆虫的作业了。

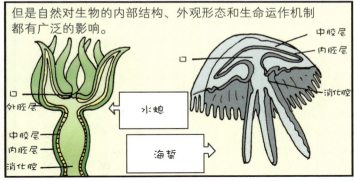

但是自然对生物的内部结构、外观形态和生命运作机制都有广泛的影响。

口
中胶层
内胚层
外胚层
中胶层
内胚层
消化腔
水螅

中胶层
内胚层
消化腔
海蜇

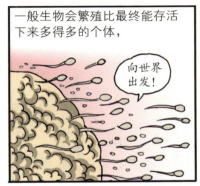

一般生物会繁殖比最终能存活下来多得多的个体，

向世界出发!

这是因为它们出生后大部分难以存活。

来吧!

在激烈的生存斗争中，具有有利变异的个体生存概率大得多。

得和我一样好好适应环境才行啊!

海星

具有不利变异的个体会被毫不留情地消灭掉，

具有有利变异的个体才能存活下来。

存活下来的个体会繁殖跟自己一样具有优势的后代。

这种有利的变异被保存下来而不利的变异被淘汰的现象就叫自然选择

或者适者生存。

对于达尔文的"自然选择"一词，有些人有误会。

有些人甚至认为自然选择会引发变异。

其实，自然选择只是起到把已经产生的变异保存下来的作用。

有些人认为"选择"这个词是承认动物有自主选择的意识，

而植物因为没有意识所以不适用自然选择。

他们只是从字面上理解"选择"这个词。

达尔文的物种起源

有些人把自然选择理解为一个能动的力或神力。

自然选择！

哦，我知道什么意思。

感谢主的眷顾。

但是对于万有引力定律，谁能提出异议呢？

引力

这样比喻大家应该明白了吧？

这篇文章就是这个意思！

把"自然"拟人化在现实中是很难避免的，

我所理解的自然是生命的创造者！

但是达尔文的"自然"是指众多的自然法则的综合作用及其结果。

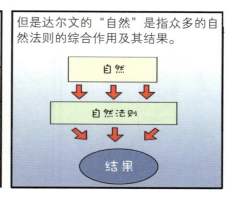

自然

自然法则

结果

而且"法则"是指一个事件的连续过程。

过程

事件

事件

比如在某些地区，气候正在发生一些物理变化，

暴晒

暴晒……

那么，生活在这个地区的动植物的个体数就会变化，

好多天不下雨了！

还会有一些物种绝迹。

啪嗒

啪嗒

救命啊！

雨呀……

加油！加油！

生活在任何一个地区的生物，互相之间都有紧密而复杂的关联，

全都干枯了，一只虫子也找不到！

所以，其中几种生物数量上的变化

妈妈，我们饿了！

哎呀，太干旱，真是找不着食物呀！

就会引起一系列变化。

如果这个地区边界是开放的，新的生物就会迁入，

从而严重扰乱原来已经形成的稳固的生物关系。

在这里需要注意的是，

外来的一种动物或一种树的影响力。

新进入的物种如果在该地区适应良好，它就会很快占领地盘。

自然选择就是以这种方式发挥作用的。

在一定地区居住的生物通过角力相互制约和竞争。

一种生物的结构或习性发生变化，就算很小，也会影响到其他生物。

几乎不存在本土生物之间和生物与环境之间适应得完美无缺的情况。

据达尔文的观察，发现了很多本土生物被外来生物征服，且外来生物在新地区扎根的情况。

自然选择每时每刻都在发生作用。

现在这一瞬间也在发生自然选择。

只是因为发生变化的速度极其缓慢，

我们很难看得出来。

但是随着时间的流逝，我们就可以看到其变化的痕迹。

哇，什么时候开了这么漂亮的花？

即使我们认为不重要的部分也会进行自然选择，这对生物来说是重要的。

啃食树叶的昆虫是绿色的，

虽然我现在是绿色，但将来也会变成漂亮的蝴蝶！

而食用树皮的昆虫却是灰斑色。

喂！出来吧！

我不在家呀！

在美国，表面没有绒毛的水果比带绒毛的水果更容易受到象鼻虫的危害，

紫色李子比黄色李子更容易患病，

你没事吗？

嗯！

还有一些病害，

我就喜欢黄色。

黄色桃子比其他颜色的桃子更容易发生。

选错颜色了。

嘿

这些事实说明，颜色既可以给生物带来危险，又可以保护生物。

又漂亮又好吃！

哇，熟透了！

也可以说是自然赋予各种生物适合的颜色。

不想活的话可以把我吃了。

箭毒蛙

饲养动物或栽培植物时可以看到，

真漂亮！

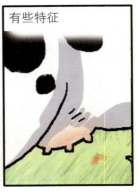

有些特征

只限于雌性或雄性一方会出现遗传，

完全遗传了妈妈的特点！

在自然界中也会发生此类情况。

有个像我一样的儿子多好啊！

正因为雌性和雄性的生活习性不一样，所以面对自然选择会有不同的变化，而且不同性别的个体可以互相影响。达尔文把这种现象叫作性选择。

啊呜！

果然是我的儿子。

这种选择不是指与其他生物或外界条件进行斗争，

哎呀，可爱的孙子。

像爷爷和爸爸一样聪明。

而是同性个体，特别是雄性之间

嗨，美女——

哎！

嗯嗯！

为了获取配偶而相互斗争。

这家伙竟敢调戏我的女朋友……

其结果是斗争中的败北者

无法留下后代或留下的后代很少。

所以性选择和自然选择一样严酷。

一般来说，强壮的雄性留下的后代较多。

但雄性不是单纯有力量就会取得胜利，而是要靠特有的武器。

没有角的雄鹿或没有距的雄鸡不会留下那么多的后代。

性选择使得获胜者才能繁殖后代，

因此赋予了动物坚忍不拔的勇气、利爪和强壮的翅膀等。

比如，斗鸡者

会将最强壮的雄鸡挑选出来参加斗鸡，

小心点！

咯

咯

可以说性选择就像残忍的斗鸡者一样。

这就是选择的残酷。

雄鳄为了争取雌鳄，

亲爱的，给你看看我的实力。

会像跳印第安战舞一样

呜呜呜

他们就是跟我学的。

围着雌鳄大声吼叫并旋转。

哗啦啦啦

雄鲑鱼同样也在终日斗争。

你去死！

我得活！

犀金龟会用大夹钳攻击其他雄性！

你敢抢我的女朋友？

别这样！

一般情况下，更强壮的雄性会取得胜利。

打一架吧？

但并不是所有强壮的雄性就一定会胜利。

看看其他例子？

鸟类之间的竞争稍显平和。

啦啦，啦啦！

嗯，知道了。

鸟类会唱歌，

喳喳

喳喳

停，太吵啦！

也会为炫耀羽毛而跳舞。

怎么样，美丽吗？

在圭亚那，矶鸫、极乐鸟以及其他鸟类习惯聚在一起，

大家加油。

雄鸟按顺序站在雌鸟面前炫耀绚丽的羽毛，

哇

亲爱的来啦！

表演各种奇妙而诙谐的动作。雌鸟作为观众观看，

回来呀——

啦啦啦……

帅哥！

黑猫啊——

然后挑选自己喜欢的对象。

知道我的心意了吧？

你是最棒的！

讨厌啦——

养鸟的人

好好相处吧！

啊？

会发现鸟都有自己喜欢或讨厌的对象。

我心里只有那只鸟！

其实，我还是不错的……

有人记录了一只斑纹雄孔雀

我是个花花公子！

是如何吸引住众多雌孔雀的。

当当当当

哇！哥哥好棒啊！

细节不多说了。

正如人类会根据自己的审美标准

想象一下绚丽的鸟。

美丽的标准是……

在短时间内培育出美丽优雅的鸟一样，

孔雀鸽

雌鸟也会根据自己的审美标准

哇，真漂亮啊！

选择唱歌最好

打开窗户——

或最美丽的雄鸟。

希望孩子们也有像老公一样美丽的羽毛。

其结果得到了时间的印证。

我们的漂亮小鸡……

成熟的雌鸟或雄鸟的羽毛跟雏鸟不同，

爸爸的羽毛为什么和我的不一样？

是怎么回事呢？

你长大后也会变得跟爸爸一样。

要长多大啊？

这是在鸟类的成熟期

啊——

咿——

这家伙的声音变粗了……

或繁殖期出现在羽毛上的变异。

得成家了。

呀，什么时候变成这样了？

是性选择的作用结果。

雄性在成长过程中会长出丰满的羽毛！

鸟类到一定的生命期，

不管雌雄都会出现独特的变化。

我遗传了爸爸妈妈的优点。

达尔文的物种起源

雌雄动物在交配竞争期间

样子都会出现不同的变化。

这就是性选择的结果。性选择不像生存斗争那么激烈，但是其效果和自然选择一样。

金刚鹦鹉

经过数代变异就会像现在这样漂亮。

所以，同种的雌雄两体一般习性差不多，

但是其结构、色泽、装饰等方面的差异

单冠

是由性选择造成的。

豌豆冠

当然，不能把雌雄间的所有差异都看作是性选择的结果，

有些雄性经过多个世代，

其攻击武器或防御手段等得以进化，

或外观上比其他雄性更优秀，

你的角真帅——

就会把这些特点遗传给其雄性后代。

这样张开，对吗？

对！

关于性选择的话题到此为止，

我们回到自然选择和适者生存的原理！举例说明。

比如说狼。

达尔文叔叔叫你呢！

听见了！

狼有时会耍花招，

妈妈在这儿呢！

妈咪？

有时会用力量，

呃呜呜

有时通过奔跑追赶，

救命啊——

嗒嗒

别太累了，你该休息啦！

从而捕食动物。

呃

吃得也不算太多，哈哈！

假设所在地区捕猎食物短缺，

哎呀，太冷了！没东西吃了！

而周围只有鹿，

嗯？什么味儿？

为了抓住擅长奔跑的鹿，狼就得跑得更快一点，

预备——开始!

嗒嗒嗒

这样只有奔跑迅速、动作灵活的狼才能存活下来。

现在开始练习捕猎。

比这更复杂的情况有很多。

比如有的植物分泌香甜的花蜜，

我的香气，请飘散到远方吧!

蜜蜂就会闻香而来。

哎呀——好吃的蜜!

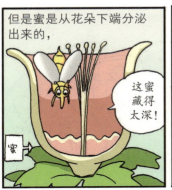

但是蜜是从花朵下端分泌出来的，

这蜜藏得太深!

蜜

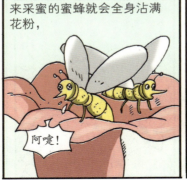

来采蜜的蜜蜂就会全身沾满花粉，

阿嚏!

蜜蜂在花间飞来飞去采蜜时就会把花粉从一朵花带到另一朵花上。

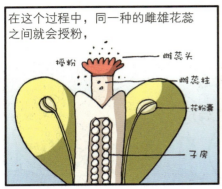

在这个过程中，同一种的雌雄花蕊之间就会授粉，

授粉　雌蕊头　雌蕊柱　花粉囊　子房

就像雌雄动物的交配。

亲爱的!

啊，好害羞!

蜜腺发达的花吸引的蜜蜂多，容易授粉，

得到杂交的概率就高。

还有，有些花的结构适于蜜蜂采蜜，其雌蕊和雄蕊授粉的概率也会大，

就是方便。

通过自然选择而存活下来的可能性也就增大了。

这是我们的地盘了。

以三叶草为例，

红三叶草和淡红三叶草的花冠看起来比较相似，

这也有好吃的蜜。

不去！

但红三叶草的花冠更长，

唉——蜜藏得太深了，吸不出来。

所以蜜蜂更容易从淡红三叶草上采到蜜。

那边更容易吃到！

虽然蜜蜂很难从红三叶草中吸到蜜，

让开！

谁呀？

但是野蜂却可以。

我们来帮你解决问题。

所以就算平原上长满了红三叶草，

也不会吸引蜜蜂前来采蜜。

我们也不能画饼充饥啊！

达尔文的物种起源

蜜蜂喜欢花蜜是肯定的。

哇，真棒……

因为野蜂在花冠下面打了孔，

啊，有蜜孔啦！

所以蜜蜂也能通过这些孔吃到蜜。

通常情况下，有长吻的蜜蜂在自然选择上更有利，

真好吃！

吻越长越容易吸到三叶草的蜜。

吃哪一个呢？

如果这个地区野蜂的数量减少，

野蜂都去哪里啦？

那么，花冠较长的红三叶草在生存斗争上很不利，

坏了，不能传授花粉了。

而花冠短的淡红三叶草则更有利。

红三叶草全都没了。

花和蜜蜂就这样相互适应地生活在一起。

我们要懂得相互珍惜呀！

那么，通过自然选择产生新的生物类型时，什么环境比较有利？

得好好利用环境啊！

这个问题非常复杂。

变异这个词包含着个体差异的概念，

变异多的话对形成新类型有利。

个体多会使一定时期内出现有利变异的机会也多，

哇！我们家族中出博士了。

这是自然选择成功的第一要件。

还是得多生孩子。

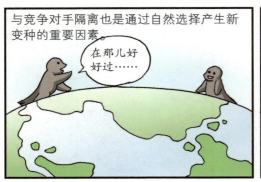

与竞争对手隔离也是通过自然选择产生新变种的重要因素。

在那儿好好过……

隔离有助于扼制竞争，

好好分享吧！

并能获得使新变种逐步改良的时间。

得学步呀！

但从整体来看，地域广阔更有利于物种进化。

孩子们得到广阔的海域去。

一般来说，生活空间大更有利于物种发生变异。

远走他乡后变化很大呀！

耳朵变大了。

在广阔地区里击败竞争者的生物新类型

我的食物！

会继续扩大领域，

走开，你这家伙。

知道了，大哥。

繁衍出新变种和新物种，从而在生物发展史上担负了重要的任务。

表弟！

你跟我长得完全不一样。

在这里先暂停一下。

有一个很有意思的故事。

要繁衍后代的话，

我们漂亮的宝宝什么时候出生啊？

讨厌，我也不知道。

雌雄两个体必须得先交配。

我爱你。

我也爱你！

但是雌雄同体的情况

我？

这个问题有点难啊……

是怎样的呢？

在这里讨论一下这个问题吧！

请认真听啊。

花在潮湿的条件下不容易授粉，

那为什么雄蕊的花粉囊和雌蕊柱头向外伸出那么多呢？

雄蕊花粉囊
雌蕊柱头
子房
花瓣
花萼

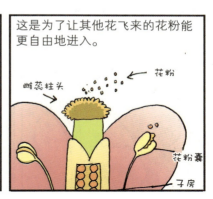
这是为了让其他花飞来的花粉能更自由地进入。

花粉
雌蕊柱头
花粉囊
子房

雄蕊花粉中的精细胞跟同一花内雌蕊胚珠中的卵细胞相结合叫自花授粉。

自花授粉
花粉
雌蕊柱头

自花授粉一般不常见。

花粉
自花授粉
灭绝
雌蕊柱头

墨西哥半边莲有一种巧妙的功能，

在雌蕊准备接受授粉之前，

授粉之前得准备好。

雌蕊柱头　花粉囊

会掸出雄蕊花粉囊里的花粉。

我们自己的不行！

嗯。

嗒

嗒

而且在自己的花粉还没成熟之前，雌蕊柱头早就准备好了，

打扮漂亮点，花粉应该会进来。

花粉囊

要我走开……

便于接受其他花的花粉。

这是我喜欢的类型！

这是多么奇妙的现象啊！

同一朵花上的雄蕊和雌蕊，相互之间靠得那么近，

孤单就靠近我啊！

却相互不授粉。

不行，别靠近！

如果把甘蓝、萝卜、洋葱等这类植物种在一起，

大部分会出现杂交。

见到你们很高兴。

达尔文曾培育了233株甘蓝幼苗，

实验课题

甘蓝的杂交倾向

方法：栽培甘蓝233株

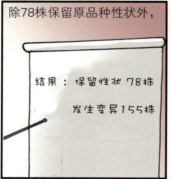

除78株保留原品种性状外，

结果：保留性状78株

发生变异155株

其他都发生了变化。

结论：甘蓝易发生杂交。

达尔文的物种起源

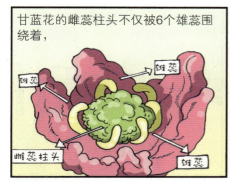

甘蓝花的雌蕊柱头不仅被6个雄蕊围绕着，

还被同株植物上其他花的雌蕊包围着。

为什么还出现杂交呢？

要创造强力品种啊！

因为跟不同品种的花粉结合

跟我结合有什么不好呀？

比跟同花花粉结合更有优势。

接受有变异的优秀花粉，种子才会更强大呀！

这就说明同种异体之间的交配会产生更优秀的后代。

我们是有优秀基因的种子啦！

那么动物呢？

看看蜗牛吧！

我忙着呢！

生活在陆地上的蜗牛或蚯蚓是雌雄同体，

你也没有女朋友？

我是双性的！

但是每次生孩子时都要找对象交尾。

我们俩真黏糊。

为什么呢？

因为植物或动物在同种内跟其他变种进行杂交，

你在干什么？

玩足球！

鼠妇（潮虫）

或在同一变种内与其他个体杂交的话，其后代就会具有更旺盛的生命力和繁殖力。

拥挤　　拥挤

哇，鼠妇的天堂呀！

反之，如果近亲繁殖的话，

连蜜蜂也没有，自花授粉吧！

其后代不但不健康，而且繁殖力也很差。

没劲，长不开呀！

我一直犯困……

无论哪种植物，为了繁衍后代都会尽量避免自花授粉，这是个自然法则。

为了我们的子孙，不能自己授粉呀！

所以，雌雄同体的动物在繁衍后代时也需要和其他个体交尾。

到现在为止，我们学习了自然选择、适者生存和性选择原理。

学的怎么样？

好，现在开始说"分异"吧！

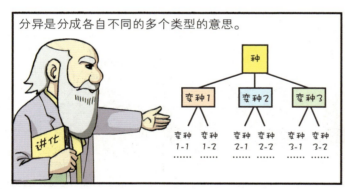

分异是分成各自不同的多个类型的意思。

种

变种1　变种2　变种3

变种 变种　变种 变种　变种 变种
1-1 1-2　2-1 2-2　3-1 3-2
……　……　……　……　……　……

用"趋异原理"可以说明很多事实。

来看一下吧！

变种无论多么与众不同，

你的样子真特别。

也具有自己所属种的特点。

你们有的我都有。

我在前面说过，变种是新种的开始。

现在是变种，但是总有一天会……

达尔文的物种起源

那么，变种之间的差异

水里的食物更多吗？

怎样扩大为种和种之间那么大的差异呢？

你成为独立的种了？

是呀！

关于这个问题，

比如？

让我们在家养生物中寻找答案吧！

多吃一些。

比如有人喜欢跑得快的马，有人喜欢力气大的马，

跑得真快！

请下命令。

其实最初这些马之间的差异极小。

呼 呼

刚开始嘛！

得再加油啦！

随着时间的推移，

飞奔

跑得越来越快了。

跑得快的马

和力气大的马，

哎呀呀呀！

经过几代的演化，其差异就会越来越大。

力气

速度

数代后就会变成两个不同的品种。

在这些马的差异越变越大的过程中，

哟!

缺乏优势的马

你最近有活干吗?

都闲了两年啦。

就会因得不到选择而消亡。

进入晚霞就消失喽!

我们从这里可以得出趋异原理。

由微小差异到差异逐渐增加从而产生新品种，

骡子有力气，却无法繁殖后代。

但我们是新品种啊!

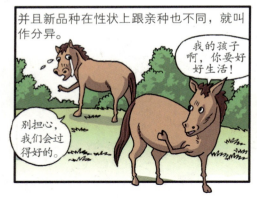

并且新品种在性状上跟亲种也不同，就叫作分异。

我的孩子啊，你要好好生活!

别担心，我们会过得好的。

我相信，跟它差不多的原理，在自然界也可以运用。

欢迎光临。

任何物种所繁衍的后代，随着它们的结构、体质和习性发生变化，其分异越来越多，它们就可以在自然界中占据多样性的位置并且数量大增。

达尔文的物种起源

说出结论容易，但是为了获得这个结论

却是花了相当多的时间。

吁！

这个事实在习性单纯的动物身上容易找到。

嗯——我吗？

比如四条腿的哺乳动物，

在某个地区的

数量已经达到最大化了，

还需要很多房间哪！

这地方太小了，咱们搬家吧！

如果再增加数量，它们的子孙就必须占领其他动物居住的地方才行。

这个地方现在归我们了！

没那么容易！

历经数代，它们的后代就会出现不同的变异，有的能捕获新猎物，

子孙们都很有个性啊！

我觉得蚂蚁更好吃！

有的爬到树上生活，

没有比这水果更好吃的了。

有的进入水里生活，

我最喜欢水。

有的开始以草为食，

我不用担心吃饭问题了！

哺乳动物可以通过其后代在习性及结构上的分异

占领了更多的领域。

在寒冷的地区也没问题。

植物也一样。

我们做了这样一个实验：在一块地里种植同一品种植物，

同品种

在另一块地里种植多品种植物，

多品种

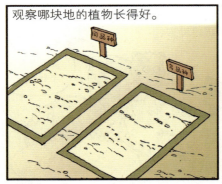

观察哪块地的植物长得好。

同品种

多品种

结果是多品种的地比单品种的地

同品种

长势好。

多品种

我们已经证明了种植小麦的情况就是这样。

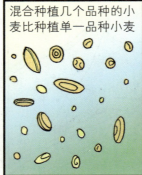

混合种植几个品种的小麦比种植单一品种小麦

产量更多。

丰收了！

达尔文的**物种起源**

一种草经过许多代的不断变异，

相互之间的差异会越来越大。

如果有的变种一直被选择的话，

不但属于这个变种的大多数个体，

而且其后代也都会在同一个地区成功地成长。

曾祖父吗？还是高祖父？

这家伙……

在数千代的繁衍过程中，最显著的变种会生存下来，

经过自然选择，我活得更顽强了。

太强了！

而且数量不断增加，

盯着我们的地盘呢！

哈哈，我要占领那个地方！

没有特点的变种就会被淘汰。

搬到其他地方吧！

哇，它的繁殖力太强啦——

在自然环境中可以找到许多因结构多样

我们得尊重多样性啊！

说对了，那样就可以活下来了。

而维持最多个体的物种。

在生物可自由进入的地区，个体之间生存竞争激烈，

走开！

不！

生物间的分异会很大。

把蜂蜜藏在地下吧！

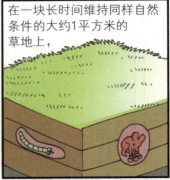

在一块长时间维持同样自然条件的大约1平方米的草地上，

虽然是一块很狭窄的草地，

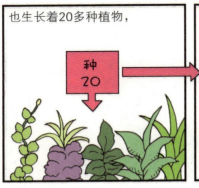

也生长着20多种植物，

种
20

属
18

目
8

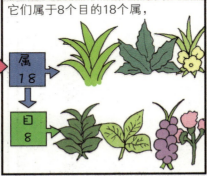

它们属于8个目的18个属，

这些植物相互之间的差异很大。

生活在很小的岛上的

动植物也是种类多样。

在小池塘里也生活着很多种生物。

农民也知道，不同科目的农作物轮种

可以收获更多的粮食。

总的来说，大自然早就在实行轮种了。

我们知道，不管在任何地区，

大属的种容易产生多样性的变种。

展望未来，达尔文如下预言：

我预言！

现在大的且占优势的生物群，

会在很长时间内保持数量上的增加。

当然啊！

但是，

嗯

什么……有什么问题吗？

谁都不知道最后的胜利者是谁。

有点儿担心啊……

有比我更强的！

我也有希望啦？

救命啊！

因为大家都知道，

嗒嗒嗒嗒

看看过去吧！

远古时代大面积繁盛的许多物种

全世界都有我们的身影！

现在全都灭绝了。

轰隆

第6章　自然选择或适者生存

129

自然选择只保存对生物适应环境有益的变异，

而最终生存下来的生物都会为适应环境而改善。

够到这么高就很有用啊！

在这里我们遇到了很棘手的问题：

在哪儿都会出问题！

这些"改善"有时比较模糊，缺乏明确标准。

为了生存啊！

有些甲壳类动物，

活动真辛苦啊！

其成虫的身体结构反而不完善，

每一节都会动，很累呀！

得进化呀！

咔嗒

咔啦

成虫的某些部分不如幼虫发达。

我宁愿过幼虫的生活！

咔

这个问题在植物界更模糊。

有的植物学家认为花萼、花瓣、雌蕊、雄蕊等器官

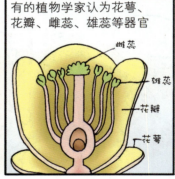

雌蕊

雄蕊

花瓣

花萼

发育充分的花才是最好的。

最棒！

？

但也有人认为花的器官变异大

哇！

雌蕊

胚乳

极核

卵细胞

叶

而数量少的物种才是最好的。

简单的最好！

130　达尔文的物种起源

如果我们把器官分化且专门化的

成熟才会爱孩子啊！

成熟生物当作高等的标准的话，

妈妈的怀抱真温暖。

自然选择显然是朝着这个方向进行的。

跟着自然走。

而且有些没用的器官会逐渐退化并最终消失。

胳膊和腿不适合我。

但是有反对意见。

达尔文，你错了！

既然所有生物都在其现有基础上向高级生物进化的话，

跟着自然环境垂直进化呀！

长尾猴

那么世界上为什么还有无数低等生物呢？

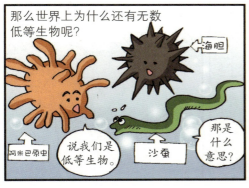

海胆

说我们是低等生物。

阿米巴原虫

沙蚕

那是什么意思？

法国博物学家拉马克认为，所有生物都有向完美方向发展的天赋倾向，

但是他不知该怎样解释这个问题。

到底该怎么才能证明我的原理呢？

所以，他假设新的简单的生物类型

虽然没有根据，但是可以假设。

是不断地自然生成的。

我们都以生命体的形式生成。

原核生物

第6章　自然选择或适者生存　131

但是按照达尔文的理论，

低等生物持续存在是必然的。

我们有不对劲儿吗？

没有！

我们也认真过日子呀！

因为自然选择

自然

并不意味着持续发展。

不是只有进步才活下来。

只是保存和积累那些对生物有利变异而已，

你为什么爬着走？

那你的眼睛为什么大？

生物不一定都向完美的方向发展。

你为什么倒着走？

海蜇

海葵

我愿意这样啦！

低等生物也有产生令人惊叹的进步的可能性。

可能性？是挺重要的。

我们称作低等动物的蚯蚓

啪

吃这段就行了，别再吃啦！

也能适应自己的生存环境。

正在等着尾巴重新长好。

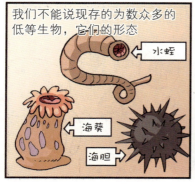
我们不能说现存的为数众多的低等生物，它们的形态

水蛭

海葵

海胆

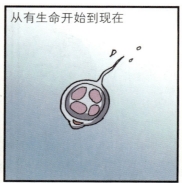
从有生命开始到现在

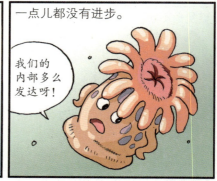
一点儿都没有进步。

我们的内部多么发达呀！

据研究过低等生物的

我会发光。

发光海蜇

博物学家说，

海蜇的96%都是由水构成的。

无论是谁都会由衷地赞叹它们美妙的构造。

唉，干燥后只剩下碎屑。

所有的生物都隶属于不同的特定物种，

我会打开贝壳吃到它的肉！

而其物种又隶属于更大的类群，

海蜇

海猪鱼

海草

螃蟹

扁口鱼

海胆

海参

海葵

且各个类群都是相互联系的。

我要把你吃掉啦！

生物的亲缘关系可以用一棵巨大的树作比喻。

正发芽的绿树枝代表地球上现存的物种，

以往年头长出来的树枝代表已经灭绝的种群。

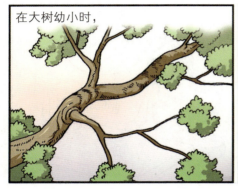

在大树幼小时，

现在的主干还是个刚刚发芽的小树芽。

在大树的成长过程中，主干分出大枝，大枝分出小枝，

每根树枝都会跟旁边的树枝竞争。

这和生物物种或种群

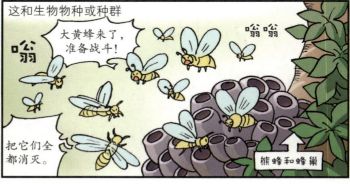

去征服其他物种或种群的情况是一样的。

从小树苗

到长成参天大树的过程中，

会有许多树叶脱落，树枝枯萎，并最终腐烂。物种的情况也如此。

达尔文的物种起源

那些现在已无存活后代的灭绝物种，

我们仅能通过化石来考证它们的情况。

始祖鸟化石

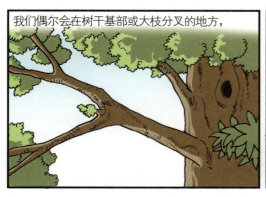
我们偶尔会在树干基部或大枝分叉的地方，

看到刚刚长出来的小枝条

依然生长存活着。

我是集合了两个树枝的优点长出来的。

鸭嘴兽或河狸就像这种树枝一样，

尽量将优点保存下来。

是巨大生物群分化出来的生物，

鲵鱼

它们住在得以庇护的环境中，避免了致命的竞争。

减少竞争对我是有利的。

如同嫩芽长成枝干，

枝干再出新芽，

不断地生长，

旺盛的生命之树代代繁衍，根深叶茂。

进化论的两大支柱：
自然选择和生命树

生物的进化方向

达尔文生物进化论的核心内容可以用过剩生殖、遗传和变异、生存斗争、繁衍成功这四个词来概括。就是说生物因为具有过剩生殖的特点而必然展开生存斗争，更能适应环境的个体才能存活下来并繁衍后代。怎么样？很简单吧？这么简单的原理在达尔文之前人们却根本就不了解，而原理一旦被弄懂以后其实很简单。

达尔文确立了自然选择的概念以后，下一个考虑的问题是生物会朝什么方向进化。对这个问题达尔文考虑得特别多，有一天他在乘坐马车时突然想到了答案：这就是用"生命树"来表现物种分异原理。

在达尔文进化论的两大支柱——自然选择和生命树这两个概念中，有人认为生命树更具有革命性的思想。通过生命树的概念可以知道，从同一个根源繁衍出来的生物，经过变异而具有独特的分支倾向。

进化和进步不同

这样一来，生物进化就不是仅朝一个方向而进行的。实际上，生物对新环境的适应方式多种多样。因为适应方式的多样性，这样从一个祖先分为多条支线的过程就叫作分异。明白分异的原理，再追源溯流就可以明白生物最终都可以归结为同一祖先的事实。如果搞不清楚这点，就会把进化误认为和进步一样。认为进化是从初级形态发展到高级形态，而人类在其顶峰，这种进步性进化的理解是我们现在常见的谬误。看看通常用来表现人类进化过程的宣传图片，基本上都是一样的：从猫着腰的猴子，到腿变长、头变大、腰变直，最终直立行走，这并不是人类进化的真正过程。现在的猴子绝不会成为人类。因为在生命树上，从很早以前猴子就已经和人类像分开的树杈一样分异了。而且，在生命树每个树杈末端的所有物种都是在自己身处的环境里适应得很成功的物种，人类仅是其中之一。

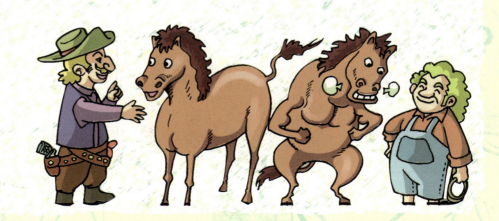

变异的法则

第7章

变异并不是偶然出现的，

妈妈，为什么我这么黑？

怎么说呢……

确切地说是导致变异的具体原因不明。

咱们再深入地学习一下！

人工饲养或栽培的生物比自然环境中的生物更容易发生变异，

你身材真棒，你平时不吃饭吗？

唉！

生存范围大的物种比生存范围小的物种，发生变异的概率更大。

喂！你是哪个星球来的？

我就是地球上的老鼠呀！

这样看来，变异好像和物种在历代演变过程中

祖辈

喵呜——

嗯

过去生活很辛苦呀！

所处的生活环境有关。

啊——吓我一跳！你是谁？

哎呀——猫连老鼠也不认识——真可怜！

在南方海域浅水中生活的贝类

比在北方海域深水中生活的贝类颜色鲜亮，

而且在沿海生长的植物叶子也比较厚。

同一种动物居住地的天气越冷，

天气越来越冷了。

它的皮毛就会越厚且保暖。

我的毛厚，来暴风雪也不怕。

为什么会出现这样的差异呢？

是因为环境条件？

还是因为历经世代的自然选择？

我们无法确定两者谁更重要。但是可以知道导致变异的几种影响因素。

动物的器官使用频率越高越发达，

没问题！

如果不经常使用的话就会退化。

唉

你将来能做什么呀？

嗯？

这些变异还会遗传给下一代。

喂！

老公，好像主人在叫你……

呀

我没听见！

父子相传……

达尔文的物种起源

随着数代的演变，就在地上找食物吧！

哎呀，累了。

鸵鸟的体型变大、体重增加而且多用腿了。

因为不怎么用翅膀，所以逐渐失去了飞行能力。

好吃吗？

谁呀？

田鼠等穴居啮齿类动物的眼神不太好。

由于地底下很暗，所以生活在那里的动物无需过多用眼。

今天天气很好啊！

能看得见吗？

南美洲有一种啮齿动物，眼睛越来越小，上下眼睑相互合并盖住了眼睛。

看不到但心里能感觉到。

呵呵——是吗？

物种都十分适应所生活地区的气候。

生活在极地的生物就很难适应热带气候，

北极狐狸

呼——太热了。

哇，真过不下去了。

海象

生活在热带的生物也不能耐受极地的气候。

在这儿怎么住下去呀？

阿——阿嚏！

眼镜猴

加蓬咝蝰

但不是所有的生物都如此。

也有例外。

也有同一目的不同种在寒冷地区和热带地区都有分布的情况。

我住北极。

我住非洲。

麝牛

野牛

这些物种经过数代逐渐适应了各种气候。

我只在晚上外出。

几维鸟

有很久以前住在温带的动物，后来把地盘扩张到寒带或热带地区的物种，

南美洲

其代表是老鼠。

没有我们不能去的地方。

老鼠遍布世界各地，

哇——接近大陆了。

全世界任何地方都有它们的身影。

老鼠太多了！

我们这边也是。

吱

老鼠无论是在自己的出生地，

还是在其他地区，其适应性都很强，

真远！

这是因为它们与生俱来的对气候的适应性。

从小就要练习适应炎热天气。

低等动物比高等动物更容易变异，

我很简单，所以更容易变身。

是因为低等动物的器官不按照功能分化，而一个器官具有多种功能的原因。

舒服又方便的结构。

举个例子来说明。

物种起源

达尔文的物种起源

比如一把刀

可以用来切多件东西，
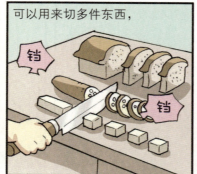

但用于特定目的加工工具必须具备特殊的零件。
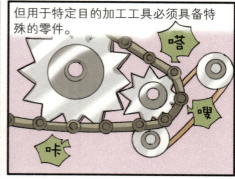

同样，生物为了适应环境，

器官的功能会逐渐专门化。

凤头潜鸭（雄性）

发育不完全的器官，容易以多种方向发生变异。
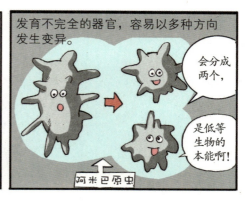
会分成两个，
是低等生物的本能啊！
阿米巴原虫

有些物种身体的某部分比其他物种发达得多，

哦——尾巴像船桨一样啊！
美洲河狸
为了在水里生活才这样的。

该部分是由于变异而导致的可能性很大。
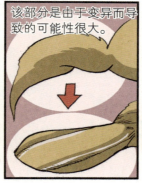

而且种一级的特征比属一级的特征更容易变异。

更容易变异呀！

给大家举几个例子吧！

一个大属的几个种开绿色的花，

还有几个种开红色的花，

花的颜色是种的特征。

所以，开绿色花的种当中开了红色的花

为什么我的颜色不一样啊！

或出现相反的情况不足为怪。

其他方面都一样啊！

是吧？

一个属的所有种都有的特点，就算作是属的特征。

属

我们是同一属。

嗯，翅膀上都有斑点。

属的特征是多个种最初由共同的祖先遗传下来的，

共同祖先

种1

种2

种3

且再分化为多个种也不会变异。

属的特征发生变异的可能性很小。

呃呜呜

这种行为是属的特征吗？

由于种的特征是从共同祖先分化出来以后就一直变异而形成的，

共同祖先

种的变异

以后变异的可能性也会很大。

？

我的后代会变异成什么样子啊？

一般我们看到，有的生物某些部分特别发达，

蜂鸟

这长喙是变异的结果。

这个特点对其个体或种来说很重要，

这样才能吃到好吃的。

但是这些特点的变异性也很大。

你的喙还会变的！

啊？那可怎么过日子呀？

达尔文的物种起源

这是什么意思啊?

对生存重要的部分却容易变异,这好像显得很矛盾,

我的孩子不一定能吃到这么好吃的蜂蜜……

因为对生存重要的部分好像不应该变化。

没有这尖牙能算是狮子吗?

这种矛盾用"创造论"是无法解释的,

上帝啊!我是永远的狮子,对吧?

但是了解了物种的进化就容易理解了。

我的祖先会飞吗?

品种不同的鸽子会显现出相似的变异,

哦?

横纹一样啊!

这是分化为不同品种之前从共同祖先遗传下来的变异倾向。

共同祖先

啊,原来祖先是一样的!

后代

哦!

也有不同的情况。达尔文在研究鸽子时发现,

你有斑点啊!

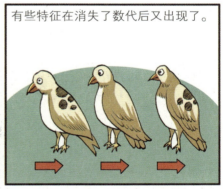

有些特征在消失了数代后又出现了。

具体实例是,在所有品种的鸽子翅膀上不时有两条黑纹,

其尾端呈白色并有条纹,

翅膀有白色边缘。

这是其远祖的特征现在又重新出现了。

还有其他例子。在驴的腿上有时会出现像斑马腿上一样的横纹，

肩部也有横纹。

达尔文从包括英国、中国、挪威及马来群岛的世界各地，

收集了很多品种的马的腿和肩上有横纹的例子。

是很重要的线索吗？

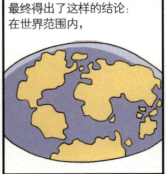

最终得出了这样的结论：在世界范围内，

这些横纹只限于在暗褐色和灰褐色的马身上出现，

而且这些变异倾向主要出现于杂交品种。

越是杂种就越得通过变异活下来！

这种现象该怎么解释才好？

我推测，追溯到千万世代之前，

过去

会有一种动物虽和斑马结构不一样，但有像斑马一样的横纹。

为什么叫我？

这种动物应该是马、驴和斑马的共同祖先。

共同祖先

是赛马吗？

啊，我的后代！

某种特征在一个物种身上消失，

很长时间没有显现，

许多世代后重又显现是返祖现象。

你的颜色更红。

是变异了吧？

这是因为这一特征在每一世代都隐藏着，

虽然没显现，但一直藏在我的基因里呀！

在碰到有利条件时又显现出来了。

蜜的味道不一样？

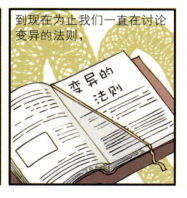

到现在为止我们一直在讨论变异的法则，

变异的法则

但是必须承认，我们并不完全了解这个法则。

后代和亲代都存在着一定的差异，

为什么不像爸爸一样高啊？

是爸爸，对吗？

虽然还无法确定差异的原因，

有什么问题呢？

达尔文也不知道啊！

但可以相信，亲代和子代之间的重要差异，

自己得想办法活下去啊！

即与习性相关的变化，或结构上的变异·

是由有利变异世代累积下来的。

有利变异1
+
有利变异2
⋮
结构变异

进化论和遗传学

变异法则及其局限性

达尔文在《物种起源》第一版中未使用"进化"而是使用了"改进的遗传"这个词，可以说后者一针见血地表达了进化的本质。从第1章到第4章，达尔文介绍了自己理论的核心内容，从第5章开始阐述支撑其理论的依据，开篇就是关于变异法则的说明。但是达尔文关于变异法则的论述说服力较弱，这是因为达尔文自己也没有完全弄明白遗传和变异的原理。达尔文感到自己的局限性后，在第5章说明了自己不了解的方面。

融合说

父母遗传给后代的体型、模样、高矮、生理特性等所有特征叫作性状。父母的性状会遗传给后代，但是后代不一定都像父母。人们凭借自己的经验了解到这个事实。由于生物的特征不但受遗传的影响，还受环境的影响，所以把遗传和环境的影响分开解释是很难的。人们相信父母双方的性质会遗传给后代并在后代身上融合，同时把对遗传现象的假说称作融合说。

达尔文也认同这一假说。但按照融合说来推断，所有变异会在后代身上融合抵消，所以自然选择是不会起作用的。

因此，达尔文主张生物在后天得到的形状会遗传，同时在环境影响下会继续变异，以此来说明自己的理论。

跟父母长相不同的原因

"现代遗传学之父"孟德尔阐明了自然选择的作用对象是跟变异有关的遗传现象。1866年，他把自己多年的研究结果整理成论文《植物杂交实验》，发表在《布尔诺自然史学会杂志》上，但是当时并没有引起人们的关注。那时候达尔文出版了《物种起源》第四版，虽然他乐于接受更多的学术观点，但是并没有好好研究当时只是业余学者的孟德尔的成果。当时的学者并没有认识到孟德尔的论文是非常重要的发现，只看作是新鲜而有趣的发现而已。

根据孟德尔遗传定律和其后逐渐成熟的现代遗传学理论，遗传变异是在基因突变和重组的基础上进行的。突变指的是遗传基因发生的变异，重组是指在生殖过程中携带亲本性状的成对遗传因子分开，与来自另一方亲本的遗传因子重新配对的现象。我们因为继承了父母的基因所以长得与父母很像，但又因为基因突变和重组也会跟父母有所不同。

第8章 自然选择理论的疑点和难点

到现在估计大家会有很多疑问，

有不太明白的地方我来说明。

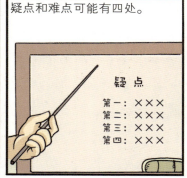

疑点和难点可能有四处。

疑 点

第一：×××
第二：×××
第三：×××
第四：×××

第一，如果物种是连续变化的话，

我必须一直爬吗？

那么，种和种的区别就该比较模糊。

你是什么种？

模糊

不知道。

到底谁在先呢？

可是，现在种和种的差异这么明显的原因是什么？

我是貉子种。

我是猴子。

我……不知道。

物种既然是逐渐演变的，

你们知道我是牛，对吧？

为什么观察不到其演化过程中为数众多的中间形态呢？

进化

中间形态

有爷爷但是看不到爸爸！

第二，像蝙蝠那样具有独特结构和习性的动物，

能从跟它完全不同的动物渐变而成吗？

跟我一个祖先？

而且为什么自然选择可以产生眼睛这么重要的器官，

同时也可以产生尾巴不那么重要的器官呢？

我的尾巴怎么啦？

第三，本能可以由自然选择生成或变化吗？

外面危险，得躲在妈妈怀里。

嗯。

第四，不同种的个体之间交配的话，

相信哥哥！

讨厌啦！

啊！

会出现不育或产下不育的后代，

我的儿子呢？

不是那么容易怀上呀！

那么种内变种之间交配能繁殖后代的原因是什么呢？

妈妈！

我的孩子！

我们看不到过渡的中间形态，

祖先

中间

种

是因为自然选择不断地取代中间阶段的存在，

自然

咚

为什么只打我呀！

也就是说，自然选择只保存有利的变异。

好美慕呀！

因为新产生的变异类型

有取代比自己改良差的类型的倾向。

这是我的地盘，走开。

唉，过得真辛苦呀！

具有相似习性的物种因为对一个资源的需求而相互激烈地竞争，所以有利的类型才会存活下来。

想试试我的牙齿吗？

我也有牙！

就是因为这个原因才会演化成新的物种。

我是老大。

而且，其祖先和以前的过渡变种就都被消灭了。

完成进化的变种才能保留下来。

物种灭绝和自然选择是同时发生的。

自然选择会举起胜利者的手。

我倒

我赢了

那么，为什么没有发现在进化过程中存在过的无数过渡类型的化石？

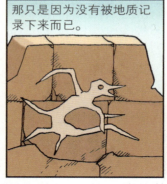

那只是因为没有被地质记录下来而已。

地壳是经过漫长时间生成的巨大"博物馆"，但是留下的资料并不完全。

叠层石断面

考察栖息在同一个地区血缘接近的几个种，

水貂

猎豹

豺狼

狐狸

达尔文的物种起源

实际可以发现一些过渡类型。

说的是变异后的种的中间类型。

举个简单的例子。从北美洲往南美洲旅行时，

北美洲

南美洲

我们可以看到很接近的物种生活在同一地区，

它们会在同一个地区经常碰面并混合存在。

你好啊！

你怎么来了！

随着一个物种的数量逐渐减少，

它们都去哪儿了？

剩我一个啊！

另一个物种的数量逐渐增加，

排好队！

一！

二！

结果是一个物种替代了另一个物种。

再见！

哼，你们不会幸福的！

它们虽然来自同一个祖先，

祖先

后代

后代

但是取代了演化过程中出现的过渡变种。

砰

因此，实际上存在过的中间变种是无法随时看到的。

第二个疑问是，有些物种习性和结构怎么会变成完全不同的类型。

这是我的房子。

美洲河狸

比如生活在水里的生物，

怎么就变成了生活在陆地上的生物，

从现在开始住在陆地上吧！

或者生活在陆地上的生物怎么就变成了生活在水里的生物。

是从陆地移到水里的例子。

有反对意见的人曾问道，

我有问题。

生活在陆地上的肉食动物怎么会具备生活在水里的习性？

我不喜欢水！

其过渡阶段是怎样生活的？

同时爱上陆地和水呀！

啪嗒

看看现存的处于中间阶段的动物呀！

那是什么动物？

那就是北美水貂。

想要我的皮毛吗？

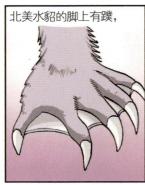

北美水貂的脚上有蹼，

它的毛皮、短腿、尾巴，跟水獭很像。

我是水貂。

嗯，是表兄啊！我是水獭。

夏天它们在水里捕鱼吃，

一到冬天就会离开冰冻的水道到陆地上，跟黄鼠狼一样以抓老鼠或其他陆地生物为生。

你就在水里好好住不行吗？

也有很多人问，捕食昆虫的四条腿动物

怎么就变成了蝙蝠。

这个问题没有想象的那么难。

看一下松鼠科。

松鼠科有很多形态。比如有的有扁尾巴，有的身后部宽而胁腹部膨胀，有的四条腿和尾巴都有皮肤连接从而具有滑翔功能，等等。

像滑翔伞一样，皮肤能够扩展的鼯鼠可以滑翔于树木之间，

呼啦

可以避开猛兽的攻击，

我辛辛苦苦才爬上来，你怎么飞走了呀？

能够很快地收集食物，

这么多，冬天放心啦！

还可以减少从树上坠落的危险。

咚

小心呀。

这对它的生存是特别有利的，

宽大的飞膜对鼯鼠很有用。

请张开胳膊和腿！

我是很特别的！

第8章　自然选择理论的疑点和难点　155

这样，有利的变异被保存下来，

总有一天我会自由地在那些树木之间飞翔。

经过无数代的演化，

终于形成了现在的鼯鼠。

现在我可以飞啦！

我们现在看一下过去被错误地归为蝙蝠类的飞狐猴。

这种动物具有从下巴开始延伸到尾巴的腹侧膜，

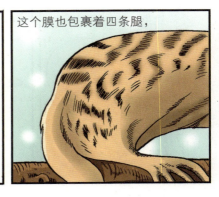

这个膜也包裹着四条腿，

膜内生有有弹性的肌肉。

虽然现在找不到飞狐猴的中间类型，

祖先会自由地飞行吗？

但是可以设想过去一定存在过，

祖

先

而且它们会像滑翔能力不完全的鼯鼠那样。

如果再过几代……

加油！

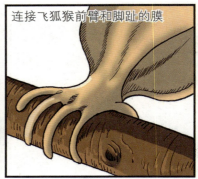

连接飞狐猴前臂和脚趾的膜

应该是由于自然选择变长的，

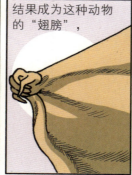

结果成为这种动物的"翅膀"，

这种变化过程与蝙蝠的情况一样。

好帅啊！

呼

哗

再举一个同种的个体之间习性各有不同的例子。

习性就是生活方式的意思。

在英国有大山雀啄死小山雀的情况，

啄

啄

为什么这样？

这像是伯劳的习性。

啊！以多欺少啊！

大山雀也喜欢在树枝上啄果实，

嗝

啄！

这又像是鸫的习性。

北美洲的黑熊会连续几个小时一直张着嘴游泳捕捉虫子，

这是只有在鲸身上才能看到的习性。

我们看到这样一些个体的习性跟种的固有习性不一样，

抖动

我怎么和爸爸不太一样啊？

可以预测这样的个体最后有可能演化成结构和习性不一样的新种。

但不能确定是先有习性的变化后有结构的变化，

每次情况不一样，随机的。

还是先有结构的变化后有习性的变化。

结构变了就试试水里的生活吧！

其实这个问题不是那么重要。

别为点儿小事就拼命啊！

这种变化几乎是同时发生的。

许多人在反驳达尔文的理论时举了眼睛的例子。

就拿眼睛来说……

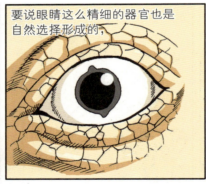

要说眼睛这么精细的器官也是自然选择形成的，

在这些人看来，这真是太不像话了。

这么精细的事只有神才能做得到！

眼睛也和其他器官一样，从简单而不完善的阶段开始，

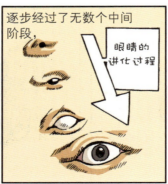

逐步经过了无数个中间阶段，

眼睛的进化过程

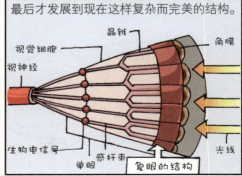

最后才发展到现在这样复杂而完美的结构。

晶锥
视觉细胞
角膜
视神经
生物电信号
感杆束
单眼
复眼的结构
光线

而且每个中间阶段都会向对其物种有益的方向发展。

四眼鱼

可以同时看到水面上下发生的事。

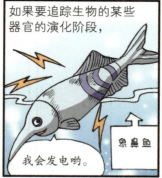

如果要追踪生物的某些器官的演化阶段，

我会发电哟。

象鼻鱼

就要先审查其物种的直系祖先，但是这个任务几乎是不可能完成的。

相关资料太少了。

我们可以察看在同一类群中的不同种和属，然后进行类推。

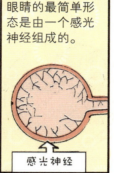

眼睛的最简单形态是由一个感光神经组成的。

感光神经

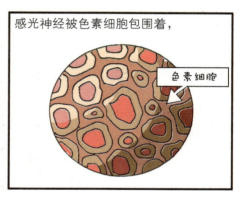

感光神经被色素细胞包围着，

色素细胞

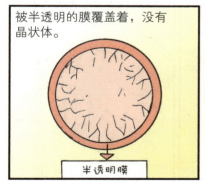

被半透明的膜覆盖着，没有晶状体。

半透明膜

再看看更低端的眼睛，

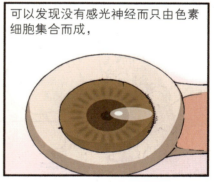

可以发现没有感光神经而只由色素细胞集合而成，

这样的视觉器官只能区别明暗。

啊，天气真好！

有的海星在围绕神经的色素层有小的凹陷，

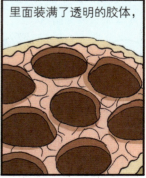

里面装满了透明的胶体，

就好像跟高等动物的角膜一样凸出来。

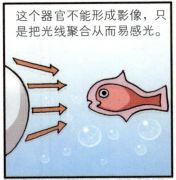

这个器官不能形成影像，只是把光线聚合从而易感光。

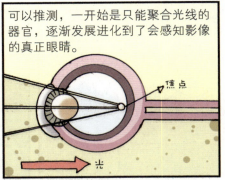

可以推测，一开始是只能聚合光线的器官，逐渐发展进化到了会感知影像的真正眼睛。

焦点

光

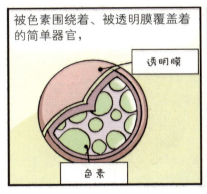

被色素围绕着、被透明膜覆盖着的简单器官，

透明膜

色素

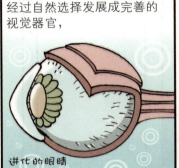

经过自然选择发展成完善的视觉器官，

进化的眼睛

这个事实现在可以接受了吧？

现在搞清楚了吗？

在许多低等生物中，同一器官同时具有多种完全不同的功能。

因为我的身体结构太简单了！

比如泥鳅的消化器官，

同时做两项工作……

同时负责呼吸、消化和排泄功能。

太脏了。

噗——

舒服！

也有同一生物个体的两个器官同时做一种工作的情况。

啊——是我吗？

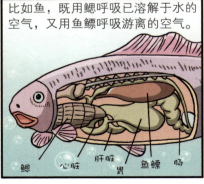

比如鱼，既用鳃呼吸已溶解于水的空气，又用鱼鳔呼吸游离的空气。

鳃　心脏　肝脏　胃　鱼鳔　肠

鱼鳔可吸入空气，从而具备了呼吸器官的功能。

空气

植物也一样。

植物攀缘生长有三种方法：

螺旋形缠绕，利用藤须攀爬，形成气根。

这三种方法一般是在不同的种群中存在，

但是有几个种同时具有其中的两到三种方法。

得找到最快的方法呀！

在这种情况下，如果两个器官中有一方变得有优势，最后就会完全承担这一功能，

另一方则完全用于其他用途或完全消失。

枯萎

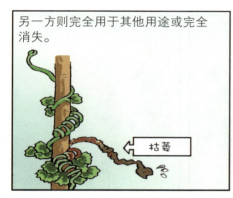

鳔本来是帮助鱼在水里沉浮的，

鱼鳔 → 上升作用

最终演变成为跟原来功能完全不同的呼吸器官。

呼—吸—

已进化为呼吸器官。

空气

也有现在几乎没用但仍保留的器官。

我的尾巴退化啦！

它们以前曾具有很重要的功能，

原来祖先特别珍惜尾巴呀！

虽然现在用处不大，但因退化较慢而保留了下来。

对陆地动物来说，尾巴是其重要的象征。

尾巴也挺有用的。

鱼的尾巴跟陆地动物的腿一样，是运动和生存所必需的器官，

站住！

尾巴——快跑呀！

但是陆地动物的尾巴几乎没什么作用。

用来钓鱼吧！

长颈鹿的尾巴可以发挥"苍蝇拍"的作用，

啪
啪

但不能说它的尾巴就是为了轰赶苍蝇而进化来的。

太烦啦！

折磨它。

当然也不能说轰赶苍蝇是没有意义的。

为什么没有准确的说法呀？

大型四足动物不会因为被苍蝇叮咬而死亡，

哈，一唱一和吧！

但是如果苍蝇一直追着烦它们的话，

拜托你们别再烦我啦——

体型再大的动物也会因体力不支而得病。

哎
呦

唉！该死的苍蝇——

食物少的时候很难找到食物，

得补充体力呀，可我走不动了。

也没有力气逃走，

你不舒服吗？

不不，没事。

所以轰赶苍蝇也不是那么微不足道的小事。

走开！

啪
啪

最后要说明的是，生物的结构不是为了满足人类对美的追求才形成的。

如果它们的形成是为了美观的话，那么达尔文的理论就错了。

这些花是为我生的！

哇

美丽的感觉

跟我们欣赏对象的本质没有关系，

你真漂亮。

对美丽的理解是随着人类的心态而变化的。

挂在耳朵上是耳环……

比如评价女性美丽的标准，

我国的女性最美。

每个国家和地区都不一样。

丰满的女性有魅力！

自然界中最美丽的产物——花朵

是为了与绿叶形成较大的反差，从而便于被昆虫发现。

一眼看到！

哇

得出这样的结论是因为

随着环境的不同……

物种起源

靠风传播授粉的花绝对不会那么华丽鲜艳。

不需要蜜蜂，可以自己飞！

因此我们可以推测，

如果地球上没有昆虫，

也就不必有那么漂亮的花了，

没有昆虫就不需要吸引它们的漂亮花朵了。

只要和靠风来传播授粉的枞树或橡树一样，

开不怎么漂亮的花就可以了。

这个结论也适用于水果。

大家都觉得红色或黄色的水果漂亮。

这种美丽的颜色只不过是为了吸引鸟兽来吃，

啊——吃得太多啦！

以便将其种子随着动物的排泄物传播到其他地方，

营养丰富，长得快。

是用来吸引鸟或其他动物的手段而已。

多吃一点，多传播我的种子啊！

另外，雄鸟或蝴蝶的华丽也不是为了让人开心，

哇，真漂亮。

而是为了得到同类雌性的喜爱。

亲爱的，你好！

变漂亮啦！

唉

鸟类鸣叫也一样。

亲爱的，过来一起玩。

人类常常认为，生物美丽的模样或结构是为了取悦人类，其实那不过是自然选择和遗传造成的。

别管他。

有人在看我们，我很害羞。

自然选择只是为了自己物种的利益，

只有我的家庭最重要。

明白。

一个物种的变异，

啪 啪 啪

绝不会只是为了其他物种获利。

妈妈在人类面前表演，

只是为了能喂养你们长大。

知道了。

现在觉得对某物种没用的习性或结构，

不能说对其过去的祖先不重要。

有这些我可以过得好一点。

在自然选择所致的变异中，比如毒蛇的牙齿或者寄生蜂在别的活昆虫体内产卵的产卵管，往往会发现，生物为了自己的利益而伤害别的物种，

却未曾看到只是为了别的物种而使自己进化的生物。

你真会只为别人做好事吗？

鳄鸟

快点吃赶紧走。

自然选择的法则是以

谁能活下来！

只保留在生存斗争中获益个体的方式

妈妈，我饿了！

哎呀，是我的孩子对吗？

大杜鹃的托卵*

* 托卵：某种鸟在别的种的鸟窝里产卵并让其代养的育儿方式，其代表是大杜鹃。

来发挥作用的，

再见！

这段时间真是太感谢了。

所以只为别的种群利益服务的物种

为了养活它，真是累死了。

没多长时间就会灭绝。

当然，自然选择永远不会产生绝对完美的生物。

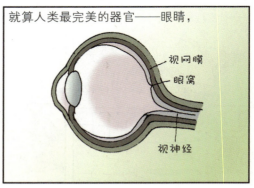

就算人类最完美的器官——眼睛，

视网膜

眼窝

视神经

也会出现因为在视网膜上的呈像不精确而看不清楚的情况。

你是谁呀？

连爸爸也认不出来吗？

蜜蜂尾刺的用途是用来攻击其他动物，

但是由于其倒生的锯齿状结构，

在刺入敌人体内后无法再拔出来，从而会连同自己的内脏一起拖出

啊！

要等生命受到威胁时才使用啊！

并导致死亡。

这样怎么能说是完美呢？

达尔文的物种起源

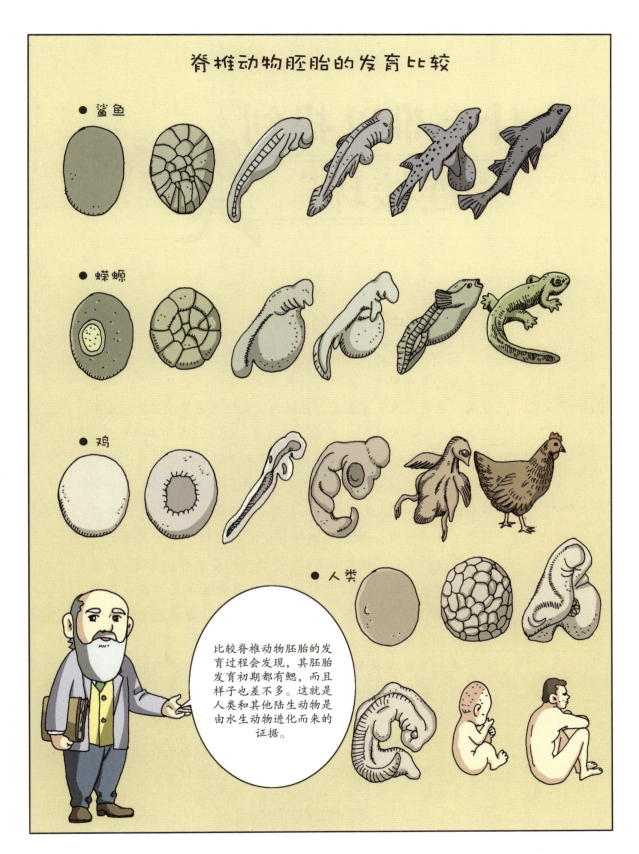

脊椎动物胚胎的发育比较

● 鲨鱼

● 蝾螈

● 鸡

● 人类

比较脊椎动物胚胎的发育过程会发现,其胚胎发育初期都有鳃,而且样子也差不多。这就是人类和其他陆生动物是由水生动物进化而来的证据。

为什么难以找到 "连接环"

找不到中间形态的原因

达尔文所说的种和种之间的 "transitional form"，可以称之为过渡期形态、中间形态等，也可称作 "连接环"。达尔文的《物种起源》发表后，批评进化论的人曾提出质疑：如果生物是从一个种进化为另一个种的话，则应该存在中间形态，但是为什么没有找到 "连接环" 呢？他们要求拿出证据来证明。

无法找到现存生物物种的中间形态的原因是什么？对这个问题的回答，可以用达尔文之后发展起来的生态学概念来加以说明。生态学是一门研究生物与生活环境相互之间关系的学问。在自然界中，物种不是以一个孤立的个体群存在的，而是在同一时间、同一空间里和其他个体群互相作用并发生着复杂的关系，不同物种之间相互作用、相互依靠。所有物种在生物群落里都有自己的位置，我们把这个叫作生态地位。

在这里提到群落和生态地位，是为了说明下面的问题："在群落里不能同时存在同等的生态地位"。再进一步说明，某一个物种在群落中占有的生态地位，就是指该物种能生存、繁殖所需的所有因素，其中包括吃什么、被谁吃、跟谁竞争、住在什么样的地方、主要在什么时间活动、什么时期产卵、在哪儿产卵等生物生命活动的所有内容。根据生态研究的结果，所有生物物种各自占有不同的生态地位，而不存在占有同样生态地位的两个种。这是因为如果出现这种情况，一定会发生激烈的生存斗争而必有一方物种最终灭亡。两个物种越相似，它们之间的竞争也越激烈，其中一个物种最终会灭亡。所以，在现在的自然界中很难找到物种进化的中间形态。

看不到进化过程的原因

大家都知道，肉眼观察不到进化过程。进化跟利用特技制作出来的科幻电影不一样。进化需要充分的时间，经过我们无法想象的漫长时间才能完成物种的性状变化。从鱼身上长出腿，或者蛇学会走路，这个过程我们人类仅凭肉眼绝对观察不到。自然选择一直在对物种的变异发挥着作用，但是从我们个人所经过的不到一百年的时间里，实际上看到的是变异被抑制。因为生物物种在长时间的进化过程中已经形成对环境适应的最佳状态。过去肯定存在过对进化中间形态有利的环境，当然那些中间形态现在已经不存在了。

对进化论的反对意见

本章我们看一下对进化论的各种反对意见。

反对

德国某博物学家提出，达尔文的最大错误在于

没有完美的生物？这样说太不像话了！

他认为所有的生物都是不完美的。

啊？

真是没有完美的生物啊！

但是达尔文主张的是，所有的生物对于所处的环境没有尽善尽美的适应。

北极熊也会感到冷啊！

咯咯咯

实际上，有很多对现在的环境完全适应

呃，很满意。

而且位置很稳定的本土物种很容易就被外来入侵物种打败的例子。

这里现在是我的地盘了。

是！

牛蛙

即使一种生物对自己所处的环境非常适应，

以后天气会变冷的。

但如果不随环境变化而改变的话，

冷点儿没事。

哼，随便你。

也很难维持生存。

哎呀，就会吹牛，这么快就完了。

最近有的批评家主张长寿对所有的种群都有利，

你非常长寿。

应以后代比祖先长寿为标准，

爷爷活到多少岁呀？

你比我长寿多了。

重新排列生物进化树。

原始硬行类

全椎类（退化两栖类）

块椎类

壳椎类

迷齿类原始两栖类

始椎类

古总鳍鱼类

无尾目（蛙形目）

有尾目（蝾螈目）

无足目（蚓螈目）

两栖类进化树

难道批评家没想到，一年生植物或无法过冬的低等动物，

真担心你！

嗖～

蜉蝣

没事，起码我不用担心明天！

每到冬天就会死去，

但是通过自然选择得到的有利变异会通过种子或卵进行生命的延续吗？

你们得传种啊！

英国著名动物学家圣乔治·米瓦特

收集了很多反面论点，

极力反对华莱士和达尔文主张的自然选择理论。

进化理论

反对

我认真研究了米瓦特的观点，

许多疑问已经在书中解释过了。

但是米瓦特主张"自然选择无法用以解释生物结构的由来"，

直接就会飞。

现在我们来批驳一下米瓦特提出的这一观点。

我们先来说明一下，一般情况下自然选择会怎样发生作用。

以长颈鹿为例。

长颈鹿高个子、长脖子、头部及舌头的结构特点，完全适应于吃到很高树上的叶子。

自然选择的结果啦！

哇——真高。

因此它能够吃到生活在同一地区的许多其他动物吃不到的食物，

上面的空气怎么样？

很好，很新鲜啊！

而这一点在干旱期起了重要的作用。

好羡慕呀！

在四足有蹄动物中，

长颈鹿能吃到最好位置上的树叶，

朋友们，你们好！

哇！

在干旱时也能吃到高处的树叶，因而比其他动物更有利于繁衍子孙。

但它们也经过了很长的时间和过程才演变成了现在的样子。

对这样的说明，米瓦特做出了如下反驳。

等一下！

第一，动物体型越大对食物的需求量也越大。因此长颈鹿虽然能吃到高处的食物，

为了身体健康得多吃东西呀！

但需要的食物也更多，所以食物仍会相对不足，

我很小，吃得少，容易饱啊！

还是饿啊！

这点在干旱期会对它造成更不利的影响。

食物太少啦！

第二，如果长脖子有利的话，

那么生活在南非的其他动物的脖子

为什么不跟长颈鹿一样变长呢？

有点儿不对劲儿啊！

但是这个不能作为反对进化论的根据。

没有说服力。

还是现在舒服。

在南部非洲，长颈鹿比较多，但是在那里也有比长颈鹿体型更大的动物。

来比一比体重。

在身体增高的各个阶段，长颈鹿能吃到其他有蹄类动物吃不到的食物，这点肯定是有利的，

那叶子更好吃吗？

而且靠着身高也可以避免其他动物的攻击。

别淘气啦！

哎呀！

因为脖子长，所以能先看到远处的猛兽。

干吗？

被发现了！

物种的生存不是由某一个利益来决定的，

而是由所有大小利益综合来决定的。

地理位置　智力　身高　气候　跑步速度

另外，在南部非洲就吃到槐树叶那样高度的树叶的竞争，

只限于长颈鹿之间，而不是长颈鹿跟其他动物之间。

走开！

除了非洲以外，在其他地方的动物为什么没有形成长颈的演化？对这个问题很难回答。

朋友们

？

非洲

这个问题与在某个国家里发生的事

暴动

为什么没在别的国家出现类似。

你们为什么那么安静？

也有人提出对有的物种有利的结构为什么对其他物种没有之类的疑问。

好看吗?

你在哪儿染的色?

但是因为我们不知道某个物种的发展过程和当时的条件,

化石不明显。

所以对这样的问题不能明确地回答。

以后得继续研究下去啊!

同样,现在也无法知道为什么南美洲和非洲条件相当,

大西洋

南美洲

南美洲的四足兽比较少,

我们同类很少啊!

就是呀!

而在非洲却有很多。

怎么这么热闹?

这里是动物的王国呀!

只能推测非洲的环境更有利于四足兽的生存。

有很多食物啊!

乳腺是哺乳类动物共有的,对于其生存必不可少。

我的宝宝饿了!

妈妈,吃奶。

所以乳腺肯定从很久前就发展了。

贪心啊,呵呵——

哇——我的饭!

但不能明确描述出发展过程。

应该有化石呀!

米瓦特曾提出这样的问题:怎么能想象某种小动物偶然从母亲膨胀的皮腺上吸到一滴几乎没有什么营养的液体,

这是什么呀?

就能从危险中得救呢？又怎么可能使这种最初的变异保持下去呢？

孩子，多吃妈妈的奶，你才能长大呀！

很多科学家都认为哺乳类是从有袋类进化而来的。

生活在水里的海马，

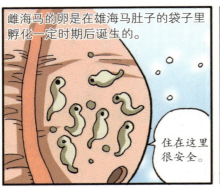

雌海马的卵是在雄海马肚子的袋子里孵化一定时期后诞生的。

住在这里很安全。

这样看的话，

哺乳类的乳腺应该是从有袋类的袋内皮腺进化来的。

在进化过程中，分泌高营养液汁且量多的个体比

奶水很足，这么多孩子也够吃。

分泌量少的个体就会有更多的后代。

妈妈，没奶！

对不起宝宝，妈妈生病了。

但是如果幼仔不吸奶的话，乳腺就不会那么发达，

不了，我喝牛奶。

宝宝，吃奶呀！

也不会被自然选择。

孩子再不吃奶，我的乳腺就要退化了。

嗞 嗞

那么，哺乳类的幼仔怎么会有吸奶的本能呢？

哼 哼 哼

这和小鸡会用嘴敲破蛋壳从中钻出来，

唧唧，终于出来了——

176　达尔文的物种起源

或者出生没几个小时就会啄食是一样的道理。

哇，美味呀！

我先看到的。

这个问题最可能的答案是，

反论

其习性一开始由年龄较大的个体实践得到，

加油，宝宝！

啊呜

这……这个小子。

然后通过遗传传给后代。

妈妈，我要吃奶！

另外，米瓦特相信物种会通过"内在的力量或倾向"而引起，

再强壮一点说不定会变成猩猩呢！

但是关于这方面没有得到任何证实。

不能证明啊！

啊？那我白费劲了！

而且他好像还认为新物种的出现是

种是因为突然的环境变化而出现的。

一种突发事件。

哎呀，地震了！

轰隆隆

他相信鸟有翅膀是因为突然变异而出现的。

要是有翅膀我就活下来了。

轰隆隆

从地层显示的证据来看，好像是突然出现了完全不同的生物，

你是我发现的新种啊！

这似乎有助于支持所谓突然变异理论。

生物是一瞬间出现的，而不是逐渐进化来的。

但是因为地质学的记录极不完整，所以不能据此得出这样的结论。

宗谱

我的家谱不全啊！

第9章　对进化论的反对意见　177

通过对胚胎学研究结果进行分析可知，米瓦特的"突然变异说"是错误的。

鸟和蝙蝠的翅膀，

或马等四足兽的四肢，

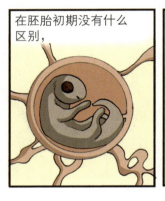
在胚胎初期没有什么区别，

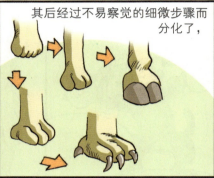
其后经过不易察觉的细微步骤而分化了，

这些知识现在已经属于常识了。

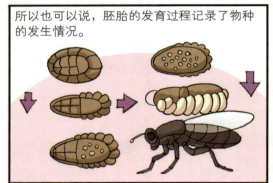
所以也可以说，胚胎的发育过程记录了物种的发生情况。

相信旧的形态会因为内在的力量或倾向而

我长出了翅膀啊！

好，马上用一下翅膀。

突然变化的人，

扑棱棱

只能假设很多个体同时发生变异，而且一种生物的所有结构也是突然产生的，

当当

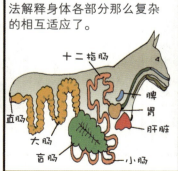
如果真是那样的话，就没办法解释身体各部分那么复杂的相互适应了。

十二指肠
脾脏
胃
肝脏
直肠
大肠
盲肠
小肠

承认这些假设就远离了科学领域，而走进了神秘王国。

世间万物的变化都是主的意志。

达尔文的生物进化树萌芽

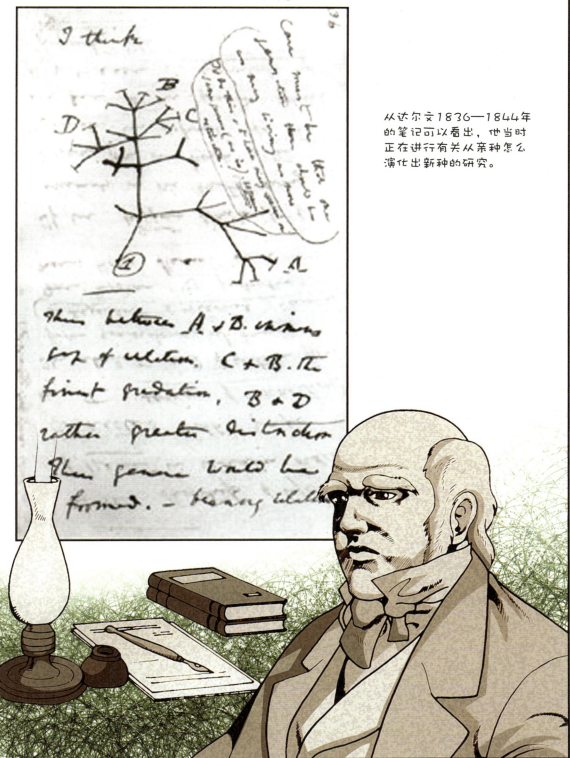

从达尔文1836—1844年的笔记可以看出，他当时正在进行有关从亲种怎么演化出新种的研究。

反对进化论的米瓦特

被打击的进化论

1871年，在达尔文的《人类的由来及性选择》出版后，抨击达尔文进化论的书就同时出版了。当时著名的动物学家圣乔治·米瓦特出版了《物种发生》，在这本书上有一个副标题"为了让世人知道达尔文的理论无法维持，而且自然选择不是物种起源"。米瓦特的主张强烈地威胁到达尔文的理论体系。所以，达尔文于1872年又出版了《物种起源》第六版，他在其中增加了第7章"对自然选择学说的各种异议"的内容，为自己的理论辩护。

米瓦特于1827年出生于英国，比达尔文小18岁。大学毕业后改信天主教。他致力于医学和生物学研究，对动物学的发展有很大的贡献。他极力证明达尔文的理论是错误的，而主张人类和动物从精神方面根本不一样，就是说不能把人类算作是动物界的一员。他的主张直到现在还被一部分宗教界人士用来作为反对达尔文进化论的依据。

米瓦特虽然给达尔文的进化论带来了挑战，但也提出了很有趣的问题。他提出了这样的问题：如果说是自然选择使动物具备新特点的话，那么进化的中间形态还有什么存在的必要呢？而且如果蝙蝠的祖先是很久以前的啮齿动物，那它的翅膀虽然不能充分地适合飞行，但也算是具有初级"翅膀"的啮齿动物；如果其中间过渡形态不会飞的话，那对它来说翅膀就是多余的，会因对生存没有好处所以不能适应环境，其结果就是被自然选择淘汰。米瓦特认为，这就是自然选择干扰生物进化为新种的情况。

达尔文对米瓦特提出的问题，即进化到一半的翅膀对生物的生存有什么好处的问题感到很为难，尤其米瓦特是很著名的动物学家。如果米瓦特的主张是对的话，那么自然选择理论就会失去其存在的根据。达尔文因为确信生物后天学到的习性会遗传给后代，所以虽然不能明确地回答米瓦特提出的问题，但他更加努力地寻找答案。

挑战和应战

具有进化到一半的原始形态"翅膀"的动物在过去和现在有不少。达尔文已经在《物种起源》第6章中说过，鼯鼠的飞膜虽然不能像鸟一样飞，但是可以使它像纸飞机一样在树枝之间滑翔。有的树蛇会把自己的身体变扁而滑翔于树与树之间。有很多动物会这样合理地使用半成熟的"翅膀"，所以米瓦特的主张是错的。而且在生物进化过程中对环境适应有利的特点，不少特点刚开始完全是由别的目的引发而来的。在初期，鸟的翅膀和羽毛不是为了飞翔而是为了保持体温，把翅膀展开可以散热，把翅膀收回可以蓄热，后来演变出了飞翔的作用。这样看来，刚开始演化的形态完全可能是出于其他目的以帮助生物生存下去。

第10章 本能

某种动物的行为，

呼呼

往往是从小就有的。

呼！呼！家人正迫切地等我回去呢！

同种的个体

哈哈。

宝贝。

从那么远的地方跑回来找我们。

按照同样的方式完成某一功能的行为叫作本能。

汪汪

以后咱们绝对不会再分开了。

看到某些动物的本能行为时，往往会令人感到惊讶，

水势再凶猛也得走。

大麻哈鱼

回家！

人们会觉得仅凭自然选择无法解释这样的行为。

产卵结束就会死亡。

这些本能也是自然选择的结果。

如果无法说明本能的发展过程，那我的理论根基就会坍塌。

理论

就像我们唱歌要有节奏一样，

春之女神来到了——

本能的行为也有一定的节奏和顺序。

新芒衣……

穿着新芒衣

我们在唱歌或背诵时，如果中间想不起来的话，

$4 \times 2 = 8$
$4 \times 3 = 12$
$4 \times 4 = 16$
……？

为了重新找到节奏会从头再来一遍。

$4 \times 2 = 8$
$4 \times 3 = 12$
……

$4 \times 4 = 16$
$4 \times 5 = 20$

皮埃尔·于贝尔观察到，能够织复杂茧床的毛虫也有这种行为。

想训练我吗？

如果把已经完成第六阶段茧床建造的毛虫放到完成了第三阶段的茧床上，

是谁的房子没盖完呀？

这只毛虫会继续织第四阶段、第五阶段和第六阶段。

唰

唰

还得继续织呀！

但如果把完成到第三阶段的毛虫放在已经完成第六阶段的茧床上，

哎呀！这是怎么回事？

它会很慌张失措，

要从哪儿开始呀？

于是又从第三阶段重新开始工作。

哎呀，重叠了！

习性和本能有很多相似的地方，但却不完全一样。

好脏！

哼哼

哼哼

这是我的习性。

本能不是由某一代的习性中获得

这是我努力锻炼塑造的好身材。

而遗传给下一代的。

得锻炼!

是!

蜜蜂或蚂蚁的本能不是由习性中获得的。

工作很认真啊!

对呀,准备过冬呢!

是个好习性。

对于种的繁盛,本能跟身体结构同样重要。

啪嗒 啪嗒

要飞到南方,需要结实的翅膀啊!

如果生活条件发生变化,微小的本能变异也会对其种群有益。

往温暖的南方飞。

如果能证明本能的确会发生微小的变化,

试试在晚上狩猎吧!

就可以说本能是靠自然选择而保存下来并不断累积的变异。

天这么黑,你怎么还出来啊?

我是夜行动物呀!

虽然是很小的有利变异,

但逐渐累积就能随着自然选择形成复杂而奇妙的本能。

吸血比吃虫子舒服!

由于在自然状态下很难观察到获得这样复杂本能的完整阶段,

单纯的本能

?

复杂的本能

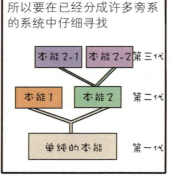

所以要在已经分成许多旁系的系统中仔细寻找

本能2-1　本能2-2　第三代

本能1　本能2　第二代

单纯的本能　第一代

能显示这些逐渐变化的证据。

两栖类

差异?

爬行类

差异?

鸟类

达尔文的物种起源

我们会找到证据的。

肯定会有线索。

对动物本能的研究，除了欧洲和北美洲外很少见，

北美洲

而且也无法确认已经灭绝物种的本能，

这种情况下，还能发现复杂本能演进的阶段，这点令人非常惊讶。

真是令人惊讶呀！

看到这样的事实可以确信，本能和身体结构一样，

是被自然选择保存积累下来的。

我回来了。

回家的本能也会遗传的。

环境变化时本能也变化的话，对生物的生存会有利。

超声波可以帮助我找到食物！

生物的器官因为反复使用而发生变化，不用就会退化，

超声波碰到食物会反射回来。

本能也是如此。

谁呀？

哎呀，胖子！你不认识我了？

家猫

通过例子可以看出，很多本能的变异受自然选择的影响更大。

一出生就会站立，这样才能活下去，加油

咩呀！

本能是对本物种有利才形成的，

妈妈，我跳得高吧？

嗒嗒

而不是为了其他物种的利益。

哎呀！为了我长得这么胖乎乎的！

别误会！

人们都认为蚜虫自愿送甜液给蚂蚁，

蚂蚁，多吃点儿吧！

只是为了其他物种的利益。

我很善良呀！

下面的事实可以证明这种行为确实是自愿的。

科学是一门证明学。

达尔文曾捉走了牛舌菜上的十二只蚜虫中的蚂蚁，

哎呀，为什么捉我？

几个小时内不准蚂蚁接近蚜虫。

蚂蚁去哪儿了？

路被堵住了。

按时间推算，蚜虫应该分泌甜液了。

哼——不随便给！

但是过了很长时间，

蚜虫也不分泌甜液。

我们才没有那么廉价呢！

嘿嘿，就是。

达尔文用一根头发像蚂蚁用触角那样挠或触动蚜虫的腹部，

挠挠

挠挠

哎呀！不雅观啦！

蚜虫依然毫无反应。

差不多了，你放弃吧！

后来他放进去一只蚂蚁。

嗨！

你去哪儿了呀？

这只蚂蚁用触角左来右去地触碰蚜虫的腹部，

挠痒

挠痒

哎呀！

嘻！

哎呀，太痒了。

蚜虫感觉到蚂蚁的触角就立刻抬起腹部分泌甜液，

蚂蚁也很急切地享用着甜液。

很小的蚜虫也是如此，说明这是本能的行为而不是习性的结果。

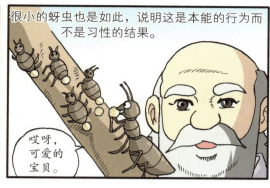

于贝尔通过观察也发现了蚜虫不讨厌蚂蚁的事实。

从表面上看，蚜虫的行为是为了其他物种的利益，

它主动分泌甜液送给蚂蚁食用。

但是据达尔文观察，

蚜虫把分泌物送给蚂蚁是为了要清除黏液，这样对自己有利。

没有蚂蚁帮忙的话，它们必须特意把分泌物排出来。

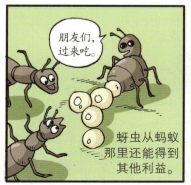

蚜虫从蚂蚁那里还能得到其他利益。

有蚂蚁守护在左右，其他昆虫就不会接近并吃掉它们了。

说到底是为了自己的利益而利用其他物种的本能啊！

在生物界没有只对其他物种有利而对本物种不利的行为。

那是当然啊！

咱们看看在自然状态下，被选择的本能是怎么变化而来的。

准备好啦？

杜鹃选择在其他鸟的窝里下蛋。

！

到我家来干什么？

有些博物学家认为，这是因为杜鹃隔两三天才会下蛋。

蛋太多所以才那样做。

杜鹃每年产10～15枚蛋，

房子小，而孩子很多。

如果一起孵化的话，窝就太小了。

妈妈，太挤了，好辛苦。

哇哇……

假如欧洲杜鹃的祖先偶尔会在其他鸟的窝里下蛋，

而且这样做对母鸟更有利，

妈妈，要吃！

在其他鸟窝里长大的小鸟长得也很结实的话，那么，杜鹃的母鸟和小鸟都得利。

我的孩子长得真好。

这样长大的鸟通过遗传获得了在别的鸟窝里下蛋的特性，

快点下完就跑。

你是谁？

所以会更积极地在别的鸟窝里成长。

这就是为了生存的本能。

在演化过程中，杜鹃就有了特殊的本能，

即刚出生的小杜鹃会将养父母的小鸟赶出鸟窝。

走开！

啊

杜鹃的这种可恶本能

哈哈，这是我的世界。

是在为了尽可能吃到更多食物的斗争中逐渐获得的。

妈妈，我饿！给我饭！

偶尔出现的这种行为有利于杜鹃，

这种习性就会被发展并永远地保留下来。

蓄奴蚁是一种什么事也不做，就靠着奴蚁存活的独特蚂蚁。

哦。

主人，食物拿来了。

它们既不会盖房子，也不会抚养幼虫，

嗯？那是什么？

由共同生活的奴蚁决定是不是该搬家，搬到什么地方，

主人，得搬家了。

甚至由奴蚁叼着移动到那里。

忍耐一下，主人，很快就到。

好

于贝尔第一次发现蓄奴蚁的习性时，

问为什么？美慕吗？

他把蓄奴蚁放在一个空间里并给予了充分的食物，

什么呀？太烦啦！

为了刺激它们自己干活，还放进去了幼虫和蛹。

哦？这是什么？

但是这些都没用。

怎么让我？

让有经验的干吧……

它们有食物也不会吃，有的甚至饿死。

喂我！

吃东西很累的。

于贝尔又放入一只奴蚁，

我不在什么都做不了！

它马上给蓄奴蚁喂食物，

张嘴，快吃！

呼终于活下来了。

照顾幼虫并让所有秩序恢复正常。

哎呀这些尘土太脏了！

终于干净啦！

个中原因尚未明确，

能做好吗？

是的，主人。请下命令。

但是可以推测。

蚂蚁为了贮存食用，会把其他蚁种的蛹叼到自己窝里。

作为备用粮食吧！

这些蛹也会有发育长大的，

啊！

小家伙，出来了。

妈妈？

它们会按照本能做自己能做的事。

怎么这么爱打扫呀！

如果这些被抓来的蚂蚁对自己有利的话，

哇！

扫完。

我做饭了。

饭锅

达尔文的物种起源

可能就不再吃掉这些蛹，

让它们将来做我们的奴隶吧！

而是等长大后当奴隶使唤。

木头都劈好了。

辛苦了。

这种习性在世代遗传的过程中逐渐积累成了本能。

得好好伺候主人啊！

别担心，爷爷。

这种新形成的本能

给您按摩。

真舒服呀。

会随着自然选择继续发展，

历经无数代。

最终就会跟现在的蓄奴蚁一样，完全依靠奴隶来生存。

给我打开电视。

我不在就什么都不能做。

最后看一下蜜蜂。

嗡

蜜蜂能盖出用蜂蜡最少而储存蜂蜜最多的房子，

叮

铛

盖得很精巧！

再优秀的工人也无法像蜜蜂那样将房子盖得这么精巧。

唉！

大叔！得再练练啦。

在黑暗的蜂巢里能建成这么精确的六角形，很神奇吧！

砰

啪

叮

铛

这也是经过很长时间的进化发展才做到的。

嗨！

我们不是一开始就能做好。

从祖先逐渐留下来的。

野蜂的蜂房是很不规则的圆形而且是互相分开的，蜜蜂蜂房的各个房间都是六角形而且是两层。

那是什么呀？

怎么啦？

第10章 本能

191

也有介于精巧度高的蜜蜂蜂房和简单的野蜂蜂房之间的蜂房，

它是谁呀？

比如说墨西哥蜂。

我喜欢中间。

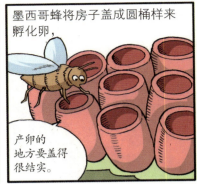
墨西哥蜂将房子盖成圆桶样来孵化卵，

产卵的地方要盖得很结实。

为了储存蜂蜜还会再做几个大的房间。

这个收集蜂蜜！

储存蜂蜜的房间像球一样，大小也几乎相等，

各个房间聚在一起形成一个不规则的大块。

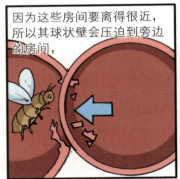
因为这些房间要离得很近，所以其球状壁会压迫到旁边的房间，

它们就把紧挨着的两个房间建成了平直的蜂蜡墙。

如果墨西哥蜂把圆形房间按同一大小和距离盖成两层并对称排列的话，

跟公寓楼一样……

物种起源

会不会跟蜜蜂的蜂房一样完美呢？

几何学教授认为这种想法是对的。

会很完美，对吧？

因此可以推断，如果把墨西哥蜂的本能稍加改进，它们肯定也会跟蜜蜂一样盖出完美的房子。

我还不会呢！

加油，朋友。

达尔文的物种起源

我相信蜜蜂就是通过这样不断地改进能力，

得盖出更完美的房子。

通过自然选择的累积，最终拥有了这么完美的建筑能力。

终于有了完美的房子。

爸爸！

那么，这些能力是通过习性获得的吗？

叮
铛

不是那样的。

工蜂或工蚁没有生殖能力。它们都是蜂王或蚁王的后代，

好可爱的工人！

但是为什么不能生育呢？

怎么生孩子？

傻瓜，我们不管生孩子，就管干活！

由于没有生殖能力，工蜂或工蚁的本能不可能传给子孙啊。

根本没有子孙，怎么可能遗传呢！

然而，这种有利于全社群的变异可以通过蜂王或蚁王传给后代，并不断完善。

啊——真想干活，浑身都酸啦！

怎么没有活可干呢？

看到这里可以确信，本能不是随着习性发生的。

我就具有爱跑步的习性啊！

通过前面举的杜鹃、蚂蚁、蜜蜂等例子可以知道，生物的本能不是一开始就有的，而是在自然状态下经过变异逐渐积累的，而且这种变异会遗传。

不管什么动物，对它们来说本能是很重要的。所以，自然选择积累本能的有利变化是必然的。

咔

打破蛋壳才能拥抱这个世界！

"自然界没有飞跃"这句格言对本能来说也适用。需要记住的一点是，本能不是完美的，它也会出现失误。

本能是生命的原动力。

弗洛伊德

同时还要记住，有的动物会利用别的动物的本能，但是没有一种本能是为了别的动物的利益而产生的。

本能和学习

有利于物种生存的本能

就像我们在背诗或唱歌的过程中想不起下一句时会从头开始一样，动物也有自己的行动顺序，我们称之为固定的行为模式，这是一种本能的行为。当然，人们背诗不是本能。那么本能应该怎么解释呢？抚摸小狗它会摇尾巴，猫愤怒时会抬起尾巴。动物对外界环境的刺激会有反应，这些反应就是行为。决定动物行动的因素有两个，一个是先天本能，另一个则是后天学习。

最具代表性的本能行为是按固定顺序出现的。碰触婴儿的手时会被其紧紧握住，婴儿一饿就会吸奶，这些都属于本能的行动。动物一旦开始做固定行为，无论中间有什么干扰，它们都会按顺序完成。虽然环境变化时本能的行动会变得不利，但是通过经验学习行为有花费时间和必然经历失误的缺点。所以在很多情况下，本能的固定行为是无需学习且具有效率的行为。如果动物在饿的时候不能本能地吸奶，而是需要先有吸奶的经验才行的话，那么动物能活下来吗？

可以说，自然选择只让那些具有没经验也能做到生存必需本能行为的物种活下来。像达尔文说的一样，如果本能行为有利于本物种的话，本能行为的进化也就成为自然选择的对象。

有选择性地学习

　　就像鸟唱歌一样，有的行为也是经过后天学习而获得的。鸟的鸣叫很复杂，每种鸟的叫法都不一样。白头鹟要想把歌唱好就得从小跟大鸟学习并且多加练习才行，如果把它关在听不到大鸟唱歌的地方养大的话，它就不会唱歌了。而且把白头鹟和其他种的鹟放在一起养大，它就会唱那种鸟的歌了。这说明鸟唱歌需要学习。那么，把鸽子与白头鹟放在一起养大，鸽子会唱白头鹟的歌吗？不会。就是说动物并不能通过学习学到所有的东西。每种动物学习事物的能力不同，有的很容易学会，有的怎么也学不会。一般来说，对自己生存最重要的行为很容易学到。达尔文相信动物在后天学到的行为也会遗传，所以说习性也可以遗传，但是后天习性可不可以维持是物种先天就已经决定的。达尔文在世时遗传学还没有发展起来，他自然不会区分可遗传的习性和不可遗传的习性，这是达尔文未能解决的一个问题。

杂种现象

第11章

博物学家认为，种间杂交不育是为了防止种群的混杂，

为什么那样看着我呀？真恶心！

如果不同的种可以自由交配的话，那么就很难维持种的纯粹性了。

喵——
汪汪——

哎呀！是狗还是猫？

实际上，不同的种之间很难繁衍后代，而且即使有了杂种后代，也多没有生殖能力，

兔子，你的耳朵太可爱了。接受我的爱吧！

世界末日到了！

但以我们目前的认识还无法说清不育性问题。

从别的角度看看吧！

来源于共同祖先的变种之间可以繁衍后代，

他说我们可以结婚！

而且其杂交的后代也会继续繁衍子孙，

他说我们虽然是杂种，但是也可以相爱。

达尔文的物种起源

这是种和变种的一个显著区别。

种间不同的个体或变种的交配可以增加后代的健康和可育性，

如果亲缘关系特别近的个体交配，情况可能就相反了。

哼唧

两个物种间很难杂交，

我们是特别的一对！

即使杂交也几乎不育。

就只靠爱情过日子吧！

虽然种间杂交较难，但是通过交配产生的杂种不一定都是不育的。

以植物为例。比如在毛蕊花属里，

两个种间很容易杂交，也很容易繁衍很多杂种后代，

但这些杂种后代是不育的。

我们无法繁衍后代。呜呜！

与此相反，比如石竹属里，有些种间很难杂交，

亲爱的，我们相爱吧！

真寂寞。

但是一旦杂交成功，杂种后代的生殖能力却很强。

虽然我们的结合不容易，但是后代一定会很繁盛的。

那么，这些复杂而奇妙的规则

是为了防止自然界中出现不同的种之间发生杂交，

不育墙

亲！

或是为了让杂种不育吗？

?

达尔文不这么认为。

我看不是！

如果防止混杂对物种都很重要的话，

你的样子怪怪的？

我的爸爸是马。

那么为什么不同物种杂交时出现的不育程度如此不一样呢？

第二代叫……

为什么还会产生杂种呢？

哈

哈

这个要扔吗？

哈哈，你这杂种！

这些都是困扰人们的疑问。

?

物种之间杂交不育

孩子妈妈！

你疯了！

或杂种后代不育，

我的染色体有问题，所以没有生殖能力。

骡子

似乎是因为它们的生殖系统存在着未知的差异。

我不知道的还太多！你们以后好好研究一下，解决我这么多的疑点吧！

198　达尔文的物种起源

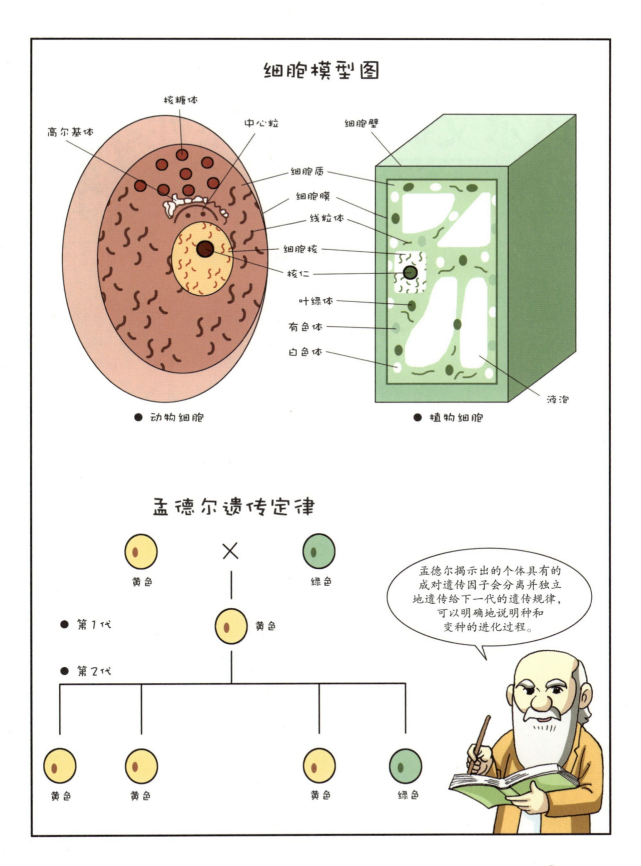

细胞模型图

核糖体

高尔基体

中心粒

细胞壁

细胞质

细胞膜

线粒体

细胞核

核仁

叶绿体

有色体

白色体

液泡

● 动物细胞

● 植物细胞

孟德尔遗传定律

黄色 × 绿色

● 第1代   黄色

孟德尔揭示出的个体具有的成对遗传因子会分离并独立地遗传给下一代的遗传规律，可以明确地说明种和变种的进化过程。

● 第2代

黄色   黄色   黄色   绿色

达尔文研究的局限性

杂种的不育性

在本章，达尔文对于不同的种间不交配，且很难产生杂种后代，即使可能有，其杂种后代也不能生育的现象提出了自己的看法。达尔文提供了两个互相接近的种可以交配，这样生出的一部分后代也可以再生产的证据。

一般来说，不同种间个体很难成功交配。即使经过交配受精其胚胎也常常在出生之前就死掉，而且生育的杂种是不能繁衍后代的。杂种不育的原因是其亲本的染色体数不一样。不同种间杂交生育的最具代表性的例子是骡子。骡子是雌马和雄驴交配而产生的后代。骡子比马能搬运更多的东西，所以人们通过雌马和雄驴的交配"创造"出了骡子，但是骡子不能繁衍后代。这是因为马和驴属于完全不同的种，其染色体数不一样。马有64条染色体，而驴有62条染色体。从母本和父本继承的染色体需要互相配对，而骡子的染色体却不能完全配对，所以不能再繁殖后代。驴跟斑马交配会生出斑驴，狮子和老虎交配也可以生出狮虎兽或虎狮兽。异种之间杂交而产生健康第二代的情况很少。

产生优秀杂种的条件

在遗传学上，亲缘关系远的个体之间交配生出优秀后代的情况很多，但这一般是同种间的交配。但杂种优势现象在研究玉米时就已经被证明了。杂种优势不仅在植物而且在动物中也发现了很多，比如不同种的牛之间交配，生小牛的概率可以增加10%～20%。在这里重要的是，染色体结构不同的种之间不会出现优秀杂种。

达尔文已经发现了杂种可能优秀也可能不优秀的现象，也知道了杂种一般是不育的，但也有例外，只是无法确定为什么会出现这样的现象。这是因为达尔文生活的时期遗传学尚不成熟。达尔文自己也知道其研究的局限性，所以他说杂种的不育原因是"存在生殖器官上未知的差异"。但是不能因为未找出杂种不育的原因就否定其理论。总的来说，达尔文在本章要说的是，虽然种间杂交一般不能生育后代，但并没有发现杂种不育的原因，然而这些并不能成为反对他所主张的种是从变种进化而来的这一观点的理由。

第12章 进化中间类型未能发现的原因

古生代末期

三叠纪

侏罗纪

白垩纪

新生代

我们在前面说过，通过自然选择活下来的物种常把祖先赶走而占据其位置。

走开！

那么，祖先和物种之间应该曾有过中间形态，

祖先　中间类型

中间类型

种

但是为什么没有在地质层中发现它们的化石呢？

？

既然生物演化发生得特别慢，那地球的年龄有多大呢？

地球的地表一直在被风化侵蚀着，

通过调查沉积层就可以推测出地质年代。

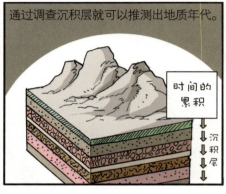

时间的累积

沉积层

达尔文的物种起源

世界各地的沉积层非常厚。达尔文曾在科迪勒拉山中考察，

见有小石头、沙子和泥土混成的砾岩，

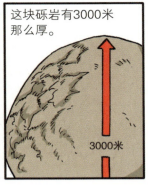
这块砾岩有3000米那么厚。

3000米

通过勘测那些小石头的磨损程度就可以推测出砾岩的年龄。

克罗尔计算了河水每年冲下来的沉淀物的量，

他认为高300米的砾岩要逐渐剥蚀的话，

需要600万年以上。

有人认为生物没有足够的时间发生演化，达尔文不这样认为。

难道错了？

祖先比地球还老呢！

现存的物种和已灭绝的祖种之间应该有过很多中间类型。

祖先

中间类型

哇，真多呀！

由于留下的地质学记录不完整，因而很难发现中间类型的化石。

很贫乏。

有利于种和变种发生的地区不一定有利于形成化石。

哎呀，又热又潮湿，很难留下我存在过的证据……

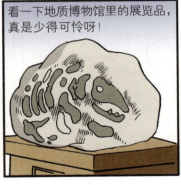
看一下地质博物馆里的展览品，真是少得可怜呀！

发现的化石物种大多是单个的或破损的标本。

地球上只有很少的区域进行过地质学调查，

经过审慎挖掘的地区则更少。

那么，在同一地层的上部和下部有同物种的连续性变种，却没有发现不同物种的中间变种，这是为什么呢？

中间变种？

对此可以给出这样的解释：

形成一个地层所需要的时间，比一个种演化成另一种所需要的时间要短。

70

100

假如在一个地层的上部和下部发现了不同的化石物种，

也很难在同一个地层中找到其中间环节的变种。

骨头？连碎渣也找不着啊！

要想找到中间环节的变种，堆积层必须特别厚，

堆积层

而且生物得在同一个地区居住很长的时间才行。

不让我去其他地方，只在这里生活吗？

这种情况几乎不会发生。

我不愿意！

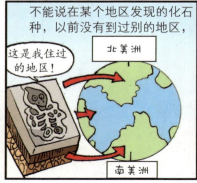

不能说在某个地区发现的化石种，以前没有到过别的地区，

这是我住过的地区！

北美洲

南美洲

也有可能这个种刚刚迁徙到那里！

喂，很高兴与你见面。

哦！是竞争者！

比如某些动物的化石在北美古生代地层中出现的时间早，

而在欧洲地层中出现得晚，

有可能是因为该物种从北美洲迁徙到欧洲时花了很长时间。

终于到欧洲了。

有时会在某地层发现整群物种，某些古生物学家就以此来否定进化论，

原来早就是这个样子了。

认为如果是慢慢进化的话就不会像这样的整群出现了。

各种的样子不都一样吗？

他们还认为，如果在某特定时期的地层中没发现某属或某科，就说明它们以前根本不存在。

没有祖先的种啊！

发现种的地层

古地层

?

他们往往以为地质学的记录是完美的。

没有化石就是没有存在过！

当然，有地质学证据就说明某物种曾经存在过，

但是没有化石并不能证明以前不存在这个种。

没有证据啊！

不是那样的。

在地球上生活过的所有生物不可能都留下化石。

我们不知道不同地层堆积的间断期有多长，

非洲　欧亚大陆

大洋洲　美洲

地壳漂移

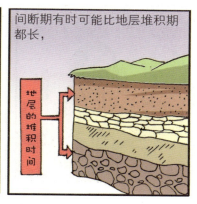

间断期有时可能比地层堆积期都长，

地层的堆积时间

这段间断期足以使一个祖种繁衍出多个种，

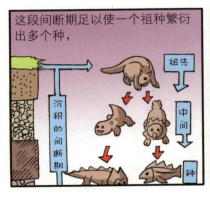

这些种在后来形成的地层里出现就显得很突然。

始祖鸟的发现

就说明我们对这个世界上过去存在过的生物不知道的太多了。

我们不知道的还有很多。

相信地质学记录是十分完整的人，肯定接受不了自然选择的理论。

没有明确的证据呀！

但是在我看来可以这样理解。

地质学的记录就像是用不断变化的方言所写的世界历史，

我明白了……

而我们仅仅得到了写其中两三个国家的最后两卷。

真是，都说了什么呀？

这些书里甚至只有零星章节，有些页面只保存了几行文字。

不全呢！

一本完整的也没有。

由于每个章节都是用不同的方言表达的，理解起来很难，

哇，这么多种方言。呜呜！

就像前面所说的相互叠加的地层里零星出现的物种一样。

你是谁呀？

这家伙，我是你十亿多年前的祖先啊！

这就是地质学记录的现状。

以后会慢慢发现的。

化石和地球的年龄

形成化石的概率只有0.001%

达尔文的《物种起源》出版后，其理论一直遭到很多人的反对。大部分反对来自宗教界，研究化石的人也觉得他的理论有欠缺。达尔文理论遭到攻击的理由之一便是没有发现物种的中间形态。

《物种起源》第一版出版两年后，人们发现了最早的始祖鸟化石。始祖鸟是爬行类和鸟类的中间形态，印证了达尔文的预测。但遗憾的是在达尔文时期没有发现更多物种中间形态的化石。那么，通过充分的地质学调查能不能找到科学家还没有找到的物种进化"丢失的一环"呢？这不一定。

地球表面形成的固体外壳叫地壳，构成地壳的岩石有沉积岩、火成岩、变质岩三种。通常只能在沉积岩中发现化石。动植物化石的形成需要几个特别条件：首先是生物死后必须很快被土或火山灰盖住，其次是生物尸体不被微生物分解并逐渐变成坚硬的物质（石化），再有就是生物体经过很长时间也能维持其形态。沉积岩有时会变成变质岩，这样的话在那里的化石就很难保存了。化石必须经过这些艰难的过程才能形成，所以难以满足所有条件。地球上的生物形成化石的概率只有0.001%。

地球的年龄有多大

在达尔文时代，没有明确的方法可以计算出地球的历史。包括达尔文在内的许多地质学家是通过观察地球上众多生物的进化来做出推断的。达尔文为了强调发生细微的地质学变化需要漫长的时间，在《物种起源》初版中他向人们展示了英国南部的威尔德峡谷的形成需要多长时间。他阐明这个峡谷的形成需要306662400年，这个数字看起来非常精确。但是反对达尔文理论的人却用这个作为攻击达尔文的理由，他们说得到如此准确的数字是没有任何根据的。

《物种起源》出版几年后开始有了计算地球年龄的最早尝试。19世纪后半期，英国物理学家开尔文通过对地球热的研究得出了地球的年龄大约是2000万年的结论。这对于满足达尔文主张的自然选择的进化论相比，确实显得太短了。包括达尔文在内的大部分地质学家相信地球形成于数十亿年前，但是当时在英国影响力最大的开尔文的主张也让达尔文感到很困惑。直到达尔文去世后，随着科学的进步才证明了开尔文的主张是错的。

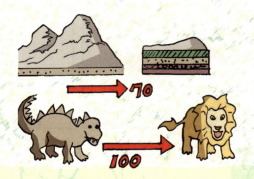

生物的继承与演化

第13章

现在看一下，地质学和生物学发现的事实到底与种是不变的传统观点相同，

种不变

它昨天、今天、明天一直是条狗。

汪汪

还是与物种经过变异和自然选择缓慢演变的观点一致。

自然选择了你呀！

无论在陆地上还是在水里，新种的出现都很慢。

在陆地上也有生物呢！

在水里怎么生活呀？

老物种的灭绝和新物种的出现有密切的关系。

不变的话我也是那种结果。

现在逐渐放弃了地球上的生物每次在地球发生剧烈变化时都会被灭绝的落后观点。

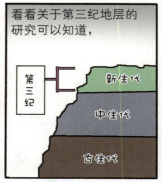

看看关于第三纪地层的研究可以知道，

第三纪

新生代

中生代

古生代

达尔文的物种起源

新种是逐渐产生的。

很多贝类和甲壳类化石可以告诉我们物种的变化。

通过比较有密切关联的地层发现，不管什么种都经过了变异，但是陆地生物比海洋生物的变异速度更快。

变了很多呀！

因为陆地的环境没那么好。

查看化石记录就会发现很多物种都已经灭绝了，

海百合（古生代棘皮动物）化石

其过程有的是逐渐发生的，也有的跟菊石一样是突然发生的。

虽然有多个理论来说明物种的灭绝，但是达尔文相信自然选择理论最能说明问题。

达尔文觉得，旧种的灭绝跟新种的生成有明确的联系。

灭绝祖先

后代种

仔细观察第三纪地层可以发现，很多物种面临灭绝前其数量先变得稀少。

而且被人类灭绝的动物也经过了类似的过程。

祖先，对不起。

袋狼

按照自然选择理论，新变种会跟已经存在的种产生竞争。

主人，它是谁呀？

变种在生存斗争中如果占据优势，

多吃点。

看来我得吃剩饭啦。

处于劣势的种其数量会逐渐减少并最终消亡。

终于被开除了。

两个种越接近，其生存斗争就越激烈。

咱们一起享用这些草吧……

一个种的改良后代必然会带来其亲种的灭绝。

把身体变小就能吃肉！

而且原来在特定区域出现的变种如果淘汰了亲种而占据优势的话，其种群就会扩大，

只要变异的后代过得好我就放心了。

扩大的种群一部分就会迁徙到别的区域。

我要去更好的地区啦！

新的物种群如果急速地膨胀并扩张领地的话，

旧的种消失得也相对较快。

以前的祖先都灭绝了呀！

自然选择理论随着古生物学的研究逐渐被证实。

最令人兴奋的古生物学发现是生物演化的同步进行。

全世界相距遥远、气候差异大的地方，分布生物化石有明显的相似性。

世界各地的化石在地层中的分布顺序，跟在欧洲白垩纪上下地层中看到的生物类型相似。

北美洲地层

欧洲地层

恐龙化石

全世界生物物种同步演化可用自然选择理论来解释。

这告诉我们在生存斗争中占据有利位置的变种，逐渐扩大栖息的范围，为更加适应新区域而变异，最终形成了新物种。

通过观察化石记录可以知道，许多物种都已经灭绝了。

那么，它们跟现存的物种有什么亲缘关系呢？

为什么变得这么丑啊？

可以说，物种灭绝的时期越久远，跟现存物种差异越大。

嗨！

你那样子可怎么生活呀？

已经灭绝的物种可以归入现在的生物分类体系中，

用来填充现存的属、科、目之间的空隙。鸟类和爬行类之间的巨大间隔是由鸵鸟、已经灭绝的始祖鸟和恐龙类的细颈龙填充的。

爬行类

中间类型

鸟类

我们说已经灭绝的物种位于现存的两物种的中间，

并不是说平均值的意思，而是指进化的中间过程。

$$\frac{鸟类+爬行类}{2}=始祖鸟$$

在澳大利亚东部发现的哺乳类化石与现存的有袋类非常相近。

哇，我的后代是有袋类耶！

还有，在南美洲的拉普拉塔河里发现了跟犰狳的甲片相似的兽甲断片。

在南美洲地区采集到大量哺乳类骨骼化石，

跟现在居住在这个地区的生物体型很相似。

可以说，同一地区已经灭绝的生物种和现存生物有相似性。

哦，很像我呀。

祖先！

有的学者认为气候相似所以才会出现这种现象，

是随环境条件而来的。

达尔文并不这样认为。

在同一个地区同类型生物可以长时间维持相似的体型，

食物真丰富，就长期住在这儿吧！

只能说是继承演化而来的。

你没有角。

只是变小了而已！

世界各地的生物在其生活过的地区，

都有非常相似却又有细微变化的特点。

我住在这里啦！

祝你幸运。

达尔文的物种起源

始祖鸟化石

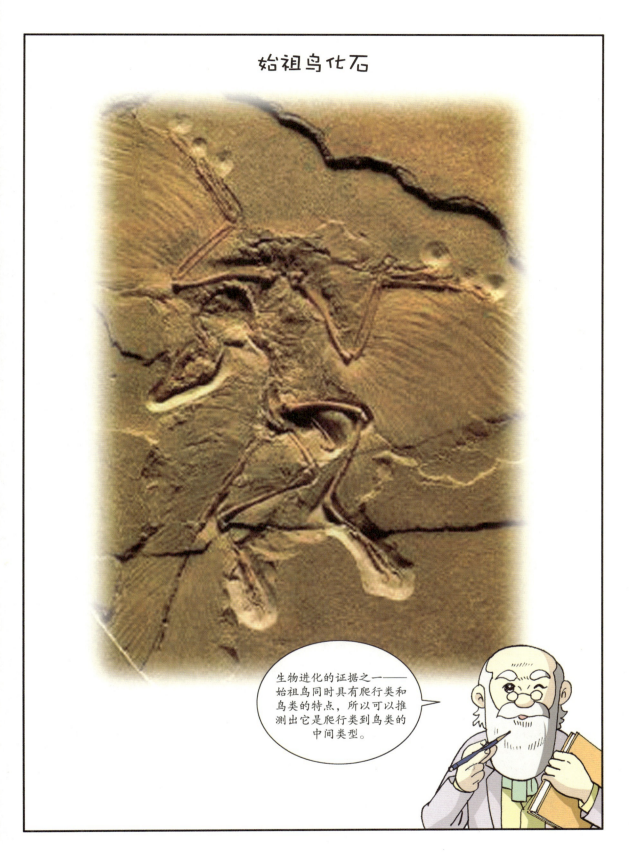

生物进化的证据之一——始祖鸟同时具有爬行类和鸟类的特点，所以可以推测出它是爬行类到鸟类的中间类型。

地球的历史

地质时代的界限

1759年，意大利的矿物学家阿尔杜伊诺第一次为地球历史划分了地质年代。地质学当时还没正式形成。现在地质学上通常把地球的历史分为四大阶段。从地球的形成初期开始排列的话，就是元古代、古生代、中生代、新生代。

通过观察化石可以看出，生物的进化过程是特别缓慢而渐进的，但是有时也会发生非常急剧的变化，在有的地层和下一地层之间会有很多物种完全消失，也会有新的物种忽然繁盛的情况。能作为地质时代划分界限的就是这样忽然出现急剧变化的时期。

距今最近的大变化是在新生代和中生代之间，距今约6500万年前，这是包括恐龙在内的许多大型生物忽然消失而哺乳类开始繁盛的转折点。这之前大的变化发生在2.25亿年前的中生代和古生代之间，这个时期也发生过生物的大灭绝，在古生代时期海洋中繁盛的无脊椎动物大约90%以上都灭绝了。第三次大的变化，大约5亿年前的元古代和古生代之间的这次有点儿不一样。如果说前面两个是生物大规模灭绝的话，那么这次的特点就是生物的爆发式增加。在寒武纪登场了多种多样的生物，一般把它叫作寒武纪物种大爆发。

灭绝与繁盛

反对达尔文理论的人根据寒武纪的物种大爆发、古生代末和中生代末的物种大灭绝，主张生物经过了大灭绝和被创造的过程。对寒武纪的物种大爆发，达尔文自己也坦诚说："为什么发现不了最早期物种进化的漫长时期的化石记录，对这个问题给不出令人满意的答案。"由于当时还没有发现寒武纪的化石，所以达尔文也对这个问题感到很困惑。当然现在我们已经发现了包括无脊椎动物的很多寒武纪化石。

达尔文认为中生代末的物种大量灭绝是很意外的，因为大部分灭绝是缓慢而逐渐发生的。按照现在科学发现来看，物种大量灭绝不是偶然的。纵观地球的历史可以看出，实际上物种灭绝显现出两种：有小规模的缓慢而连续性的灭绝，也有地球生物仿佛一瞬间全都毁灭的大规模灭绝。这里的"一瞬间"不是一个早晨忽然发生的，而是经过了数百万年的时间，这对于有46亿年历史的地球来说相对较短。科学家已经确认，第6次物种大灭绝或许即将到来，而导致这一次灾难的罪魁祸首正是气候变化、环境污染、过度捕捞等人为行为。

第14章 生物的地理分布

达尔文认为，世界各地生物相似或不同的原因

跟我不一样啊！

不能只用气候等条件来解释。

为什么这么判断呢？

大洋洲、南非洲和南美洲西部的自然条件比较相似，

南美洲　南非洲　大洋洲

但是这三个地区的动植物种群的差异程度，恐怕是别处不能比的。

这是我在考虑地球上的生物分布时首先想到的。

为什么呀？

第二个想到的就是，每个地区分布的生物不同，是因为对于生物自由迁徙有障碍物。

呜呜，没地方逃走啦！

达尔文的物种起源

通过欧洲、亚洲、非洲等大陆

欧洲
亚洲
非洲

和美洲新大陆的陆地生物的悬殊性状就可以看出。

南美洲

在欧洲和美洲北部比较特殊，那里的陆地是连接的，气候也没什么差异，所以那里的生物可以自由迁徙。

大洋洲、南非洲、南美洲所处纬度相同，气候差不多，但是生物之间却有很大差异，

拜!

因为这三个地区隔离程度很高。这种现象在同一个大陆也会出现。以高大的山脉、广阔的沙漠或宽大的河流来区隔的地区也生活着不同的生物。

当然，同一大陆上的生物比不同大陆的生物间的差异要小。

我太出色?

朋友，见到你很高兴!

在同一大陆或同一海洋的生物都有亲缘关系。

是不是舅舅?

嗅嗅

嗯，我们是很远的亲戚。

从北美洲到南美洲，

经常会看到虽然物种不同但是亲缘很近的生物。

唧呖呖

唧呖呖

你唱得跟我很像啊!

有些不同种的鸟，鸟窝相似，蛋的颜色也相似。

你在模仿我吧!

在美洲南端麦哲伦海峡附近的平原上有一种南美三趾鸵，在同一大陆北边拉普拉塔平原也有另一种鸵鸟，

它们和同纬度的非洲鸵鸟或大洋洲鸵鸟或鸸鹋完全不一样。

非洲

大洋洲

所以，各地生物之间的有机联系不是环境，还有别的因素。

夜行几维鸟

我很害怕白天。

达尔文认为这一因素就是遗传。

因为只有通过遗传才能形成相似的生物或变种。

哇，很像啊！

我们的遗传因子一样啊！

不同地区生物之间差异的原因是由于变异和自然选择导致的，并遗传给下一代。

妈妈！

我们无法预测物种会向什么形态发展，

土豚

要朝有双眼皮的方向变化……

但都会向对个体有利的方向变异，每个种的变异都有其独立性。

嗨！

真帅。

它们在每个地区都有不同的变异。

那么物种是起源于一个地区，

达尔文的物种起源

还是多个地区呢？

达尔文认为物种都是从一个地区产生以后迁徙到其他地区的。

去别的地方看看吧！

当然很难弄清楚同一个种怎样迁徙到现在所在的相隔那么遥远的地区，

啥时候到那儿的呀？

还有一些生物，目前仍无法准确地说明它们是如何迁徙的。

大陆

岛

气候的变化对生物的迁徙有很大影响。

现在的气候不适于迁徙经过的地区，有可能在气候与今日不同的过去曾经是生物迁徙的通道。

地表的高度变化对生物的迁徙也有很大的影响。

例如，现在有一个狭窄的地峡，把两种海洋生物分开了，

朋友，你好！

如果这个地峡被海水淹没，这两种动物就能会合。

现在可以在一起啦！

现在隔得很远的陆地或海岛，

以前也有可能是连在一起的。

地壳漂移前

这样，陆地生物就很容易从一个地区迁徙到另一个地区。物种就是用这种方法扩大生存环境的。

耶，跳过去了！

那么植物是怎样跨过大海的呢？

通过实验可以知道种子在海水里能耐受多长时间。

达尔文曾把87种植物种子放在海水里浸泡28天，看看它们能否耐受。

结果其中64种仍能发芽，

有几种浸泡了137天仍然存活。

达尔文对这个实验结果感到很惊讶。

达尔文还做了这样一个实验：

他把94种带有果实的植物枝干干燥后放入海水中，

大部分枝干马上就沉下去了，但有18种可以在海面上漂浮28天。

通过这个实验可以看出，各地区的植物种子，有14％能在海中漂流28天后，仍然保持着发芽的能力。

根据调查，大西洋海流的平均速度是每天53千米，

53千米/天

大西洋

那么浮在海面上28天的种子大约可以漂过1480千米的海面到达另一个地区，

28天

1480千米

在适宜地点还会发芽生长。

旅途虽然很劳累，但是可以在这里生活，留下更多子孙！

达尔文的物种起源

此外，种子也可以通过别的方法传播。漂流的木块经过广阔的大海可以到达别的岛上。

在太平洋岛屿居住的土著居民，

姆卡卡姆奇。

常用漂流来的植物根部所挟带的石头做成工具。

在漂来的原木中，

偶尔有石块卡在树根中间。

达尔文发现，在石块和树根中间经常挟带着小块泥土，

这些泥土没有被海水冲走，而是保留了下来。

达尔文看到，在漂来的橡树根部的泥土里，有三颗双子叶植物的种子发芽了。

鸟类对种子的传播贡献也很大。

我？

鸟常常会随着强风飞越大海飞到很远的地方。

台风来了，大家都到海岛去！

鸟吞食的柔软而营养丰富的种子很快被消化，但是有硬壳的种子却会完好地通过肠道而随粪便排出。

去哪里呢？

由于鸟的嗉囊不能分泌消化液，

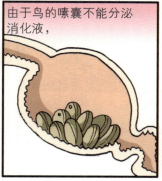

所以随粪便排出的种子，其发芽能力未受到影响。

冰山有时会挟带着泥土、树枝或鸟窝而移动。

北极和南极地区的种子、冰河期温带的种子，应该是通过这种方式传播的。

我们要搬家了。

湖或江因为陆地的阻挡而彼此分隔，

所以一般认为淡水生物不会有大范围的分布。

这么想我可不乐意。

实际上恰恰相反。很多淡水生物遍布全世界，近缘物种也广泛传播。

我们的繁殖力和适应力很强。

生活在巴西的陆地动物和英国的陆地动物很不一样，

而生活在淡水里的昆虫和贝类在这两个不同的地区却很相似，这让人非常惊讶。

？

也说英语？

淡水贝类及其卵在海水中很快就会死亡，

哎呀，太咸了。

所以很难迁移到别的地区。

拿来就是死的，怎么办？

嗯！很快就死了。

达尔文通过两个事实受到启发。

我的经验会帮我理出头绪！

他两次看到鸭子从长满浮萍的池塘中忽然钻出来，

背上都粘着浮萍。

什么时候粘上的？

达尔文的物种起源

达尔文把浮萍从一个养鱼池移到另一个养鱼池时，不小心把几个贝类也移了过去。

根据这两种情况，达尔文做了一个实验：他在正在孵化淡水贝的养鱼池中吊了一只鸭子的脚。

结果很多刚刚孵化的很小的贝类牢牢地黏附在鸭脚上。

这些贝类虽是水生的，但在空气很潮湿时可以黏在鸭子脚上存活12～20个小时。

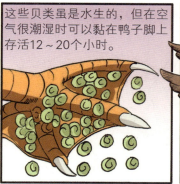

这段时间，足够大雁飞1000米，

顺风时甚至会跨过海洋到达远处的大陆。

如果大雁恰好飞到某个海岛，而且这个海岛上又没有吃贝类的动物，

那么大雁脚上所携带的贝类就可以很容易地活下来了。

哇！新乐园！

淡水植物也有很多种分布在离得很远的地区或岛上。

它们通过黏附在鸟的脚或喙上的泥土里进行传播。

帮你迁徙到很远的地方。

现在世界各地都有淡水植物或低等淡水动物，

北美洲　欧洲　亚洲　非洲　南美洲　大洋洲

主要原因是通过动物尤其是飞行力强大的鸟类的迁徙，把种子或卵传播到各处。

再见！

谢谢，再见！

生活在海岛上的物种数目一般比生活在同一面积的大陆上的生物少，

种类少怎么了！

但是本地特有的物种所占的比例相对高。

我们个性很强啊！

这是因为来到隔离地区的物种在跟本地种竞争的过程中发生了变异，

我喜欢硬食物。

打个孔捕幼虫啊！

幼虫是我的！

幼虫是我的。

并产生出变异了的后代。

要跟别的鸟竞争就得有优势才行。

妈妈，我要让喙更坚硬。

但不是所有的动物都是这样的。在加拉帕戈斯群岛的26种陆栖鸟类中，有21种是岛上特有的，

但在11种海鸟中却只有两种是特有种。

我不喜欢受拘束，无论到哪儿最终都要飞走！

陆栖鸟类不容易跨越海洋，所以只好住在岛上，

去趟陆地再回来。

真美慕你，能飞那么远。

海鸟可以频繁地飞到海岛上来，与陆栖鸟类交配，这样就分化出新的变种。

有名的家族是不随便改变的。

大洋里的岛屿上一般没有蛙、蟾蜍、蝾螈等两栖类动物。

因为太远吗？

除了新西兰、新喀里多尼亚、所罗门群岛、安达曼群岛、塞舌尔群岛以外，在广阔海洋散布的岛屿上几乎没有两栖类动物。

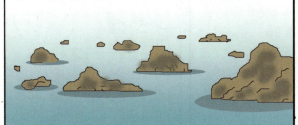

这些岛的自然条件不是不符合两栖类动物生存，而是特别适宜这些动物生存。

我想在这住下来。

达尔文的物种起源

蛙曾被引入大西洋的马德拉岛和印度洋的毛里求斯岛，很快就大量繁殖而且泛滥成灾。

呱呱！

两栖类动物无法在岛上生活的原因，是因为它们的卵一碰到海水马上就会死亡。

太咸了！

但是按照创造论者的理论，恐怕也无法解释为什么两栖类动物不是在岛上创造出来的。

这都是主的意志。

哺乳动物也一样，它们无法在离开大陆500千米以外的岛上生存。

在这里怎么生活呀？

500千米

不是说小海岛连小型哺乳动物都不能生存，

我们在哪儿都能活！

世界各地很多靠近陆地的小岛上都有小型哺乳动物存在。

跑不出这个岛！

人类带过去并驯化的哺乳动物在那里繁殖得很好。

三。

一，

二，

但也有例外，有一种像狼的狐狸居住在南美洲的马尔维纳斯群岛。

这个群岛离陆地不足500千米远，如同冰山曾把大岩石推到岸边一样，狐狸也可能是随着冰山迁移到这里的。

马尔维纳斯群岛

哇——新世界！

对创造论者来说，不能说没有足够的时间去创造哺乳类动物吧？

谁能知道神的意志啊！

很多火山岛已经生成很久了，在这些岛上有足够的时间产生本地特有的其他纲的物种。

尽管海岛上没有陆栖哺乳动物，但是会飞的哺乳动物有很多。

在新西兰有两种本地特有的蝙蝠。

在新西兰北部的诺福克岛上也有其本地特有的蝙蝠。

正在睡觉呢!

那么,所谓造物主为什么在这些遥远的岛上只创造了蝙蝠而不是其他哺乳动物呢?

所以我很孤单啊!

根据进化论的观点,是因为陆栖动物不能跨过大海,蝙蝠却能飞越大海。

哎呀,真远!

许多种类的蝙蝠广泛分布在全世界,在离大陆很远的岛上也能发现它们的踪影。

我是金蝙蝠!

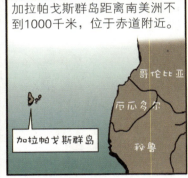

加拉帕戈斯群岛距离南美洲不到1000千米,位于赤道附近。

哥伦比亚

厄瓜多尔

秘鲁

加拉帕戈斯群岛

生活在这里的所有生物,不管是陆地生物还是水中生物都跟美洲的生物相似。

为什么会这样?这里和南美洲沿岸的地质学条件和气候条件都不同啊!

为什么?

加拉帕戈斯群岛跟佛得角群岛的地质条件很相似,

非洲

佛得角群岛

岛的大小和岛上的气候等环境条件差不多,但是生活在这两个地区的生物却完全不一样。

有独特的个性啊!

加拉帕戈斯群岛的生物和美洲的生物相似,

佛得角群岛的生物和非洲的生物也相似。

嗨,表弟!

达尔文的物种起源

这些现象凭创造论是无法说明的。

都是神的意志呀！

生活在岛上的特有物种与生活在邻近大陆上的生物相似，

干什么呢？

想你呀！

而且与邻近岛上的生物也有很多相似性，

这些物种比邻近大陆的生物亲缘关系更密切。

它们的关系更近！

因为各岛屿之间的距离比离大陆更近，出现这种现象是必然的。

大　陆

达尔文主张，同种的个体不管是在什么地方发现的，都是同一祖先的后代。

祖先

为了证明这些，达尔文列举了气候、地势和迁徙方式等因素的多样性。

现在读者应该明白，在区隔几个动物区系和植物区系时，海洋、山脉、气候等条件的重要性，

以及为什么生活在不同纬度的生物如此相似，而生活在气候和地质条件几乎一样的地区其生物种类却不同的原因了吧。

喂——

？

有经历了很多世代而变异的生物形态，也有迁徙到远处而变异的生物形态，

劳驾，打扰你了。

但是支配这两种变异的法则只有一个，那就是自然选择。

生物地理学

阻碍生物迁徙的壁垒

生物地理学是一门研究生物在地理上如何分布以及生物形成、演变及其环境条件等方面的学科。达尔文对在南美洲的潘帕斯大草原上连一只兔子也没有的事实感到很惊讶，他觉得那里应该像英国一样，在绿色的草原上有很多兔子。

达尔文在研究生物的地理分布过程中，再一次确认了自然选择和遗传变异法则是正确的。达尔文认为，阻碍生物迁徙的壁垒在生物分布方面有很重要的作用，这与通过自然选择而逐渐累积变化的时间作用相类似。但是却很难说清种是怎么迁徙的，对此达尔文也承认自己理论的局限性。

达尔文当时不能解决的难题在20世纪得到了解答，这就是大陆漂移说。早在17世纪，许多人观察到南美洲的东部海岸线和非洲的西部海岸线像拼图一样吻合得特别好，因而提出了两个大陆原来可能是一个大板块而后来相互分开的推断。但是到了19世纪，人们认为绝不会出现大陆的漂移，达尔文亦如此认为。直到20世纪60年代，大陆漂移说才得到了证实。现在大西洋每年仍会变宽3～4厘米，由于变化速度很慢，在100年之内可能不会看到什么大的变化，但随着时间的推移，大西洋可能会越变越宽。实际上，大西洋在8000万年前是不存在的。

生物的分支

　　大陆漂移说理论对理解生物地理学很有用。实际上，大陆的漂移对生物的进化有过主导作用。大约在3亿年前，地球上的大陆是汇聚在一起的，地质学上称之为泛大陆。此后，又经过漫长的岁月，泛大陆开始解体、分裂。当大陆之间开始有距离后，生物种群也就处在了不同的环境中，然后各自通过不同的进化途径开始分支。其结果是生活在南美洲的动植物跟生活在非洲的动植物不同了。

　　大约在2亿年前，大洋洲和其他大陆是汇聚在一起的，后来大洋洲从其他大陆逐渐分离出来形成了独立的大陆。在其他大陆上，狮子、老虎、老鼠、大象等哺乳类动物开始繁盛，而处于同一竞争关系的单孔类和有袋类哺乳动物却不留痕迹地消失了。但是在澳大利亚，针鼹、袋鼠等单孔类和有袋类动物一直世代繁衍而且有多个种群的进化。所以，当达尔文乘坐贝格尔号船航行到大洋洲时，看到澳大利亚的动物就觉得这里是完全不同的世界。

生物的相似性

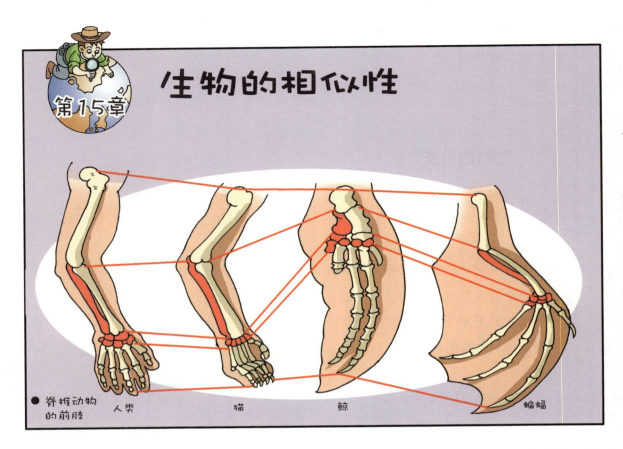

第15章

● 脊椎动物的前肢　　人类　　猫　　鲸　　蝙蝠

自地球最古老的时期开始，生物就分化出了许多分支。

对生物进行分类的方法是利用其性状的相似性，

冻！

解冻！

根据生物间相似程度的差异，可以划分为不同的类别，

血缘关系接近的生物共同组成一个群。

因此，知道某个群的共同祖先也就知道了自然的体系。

共同祖先

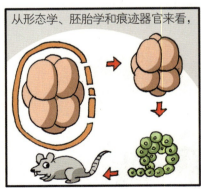

从形态学、胚胎学和痕迹器官来看，

生物都是互相联系的。适合抓握的人类的手、适合挖土的田鼠的前肢、马的腿、鲸的鳍、蝙蝠的翅膀，都是构架一致的，在对应的位置有相似的骨骼。

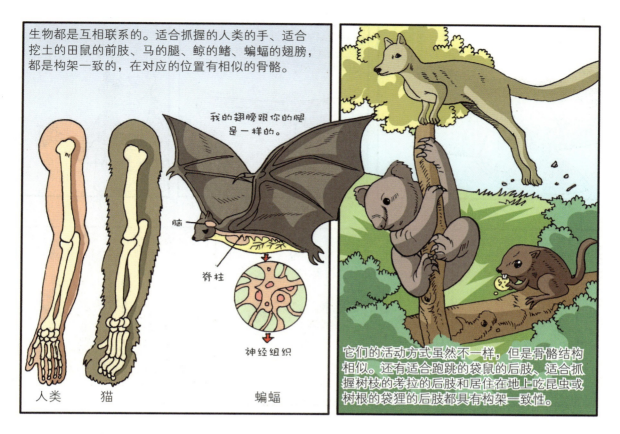

它们的活动方式虽然不一样，但是骨骼结构相似。还有适合跑跳的袋鼠的后肢、适合抓握树枝的考拉的后肢和居住在地上吃昆虫或树根的袋狸的后肢都具有构架一致性。

同一纲不同种类的生物，无论其生活习性是否相同，其身体结构是相似的，叫作构架一致。

从昆虫的口器构造中可以发现同样的规律。天蛾长而呈螺旋状的喙、蜜蜂或臭虫的奇妙折叠的喙、甲虫很大的颚，虽然用法不同，但都是由同样构造经过无数次变异而来的。

出现上述构架一致的原因是什么呢？

用自然选择的理论就很容易理解了。

在自然选择过程中，对生物有益的微小变异，对原始构架不会有大的改变，不会使各部分的位置发生调换。

我们跟人类一样，都是从躯干伸出四条腿！

比如某种附肢的骨骼可以逐渐变短而扁平，并在其上面覆盖很厚的膜而成为鳍；

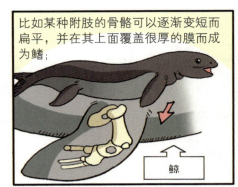

鲸

某种有蹼的脚逐渐使骨骼变长，而连接骨骼的膜也随之变宽，最终形成了翅膀。

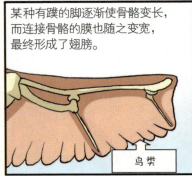

鸟类

这些变异并没有改变骨骼的构造和各部分的联结关系。

胚胎学是整个博物学中最重要的学科之一。

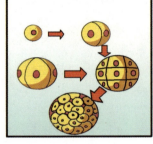

昆虫的变态好像是经过很少几个阶段突然完成的，实际上经历了无数个隐蔽的逐渐转化的过程。

许多昆虫，特别是甲壳类在发育过程中会出现非常惊人的变化。

甲壳类一旦成熟，就会变得大不一样，但其幼虫却很相似。

而且属于同一个纲的最不同的动物其胚胎也很像。

这是谁的孩子呀？

胚胎学家冯·贝尔认为，哺乳类、鸟类、蜥蜴类以及龟鳖类，

它们的胚胎在早期阶段都很相似。

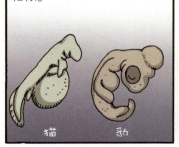

猫　豹

只看尚未形成四肢的早期胚胎，

或者即使已发育四肢，也很难弄清它们的准确属性。

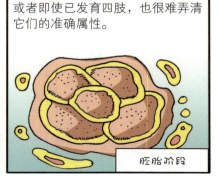

胚胎阶段

达尔文的物种起源

虽然部分昆虫属于同一目，其幼虫却不相似，

但多数情况下活动的幼体也遵循胚胎相似的法则。

动物也一样。比较解剖学家居维叶也未看出藤壶属于甲壳类，

我虽然反对进化论，但我在比较解剖学方面称得上权威！

但是只要看一下幼虫就知道它属于甲壳类。蔓足类动物分为两类，从外表上看就不一样，但它们的幼虫很相似。

龟足

鳞笠藤壶

为什么很多生物在胚胎时期很像，但后来却发生了变化？

这也可以用变异和自然选择理论来解释。动物在进化过程中会出现变异，

住哪里呢？

变异不是一出生就表现，而是后来渐渐显现的。

长大了才能辨认出啦！

我们无法预测小牛或小马长大以后会有什么特点。

你长大以后会成什么样啊？

哞！

我们的孩子也一样。

谁是我的宝宝呀？

妈妈知道呀！

我们并不能预测孩子将来个子高不高、模样会怎么变化，

别抱太高的期望了！

这些特质在孩子长大以后才能显现。

一个假期长了这么多。

当然，有些动物从小或在胚胎时期就像亲代的形态。乌贼、淡水甲壳类、蜘蛛等基本上不变态，从一开始就跟成体很像。

妈妈，我们谁最漂亮？

这是由于它们从小就得自己找食物，解决自己的需求，

从小就很辛苦呀！

所以生活习性也跟父母一样。

现在你们知道很多学者认为胚胎的结构比成体结构更重要的原因了吧！

总的来说，有些动物虽然成体的样子不一样，

难道我们的祖先……是一样的？

但是在胚胎时期如果极相似，就可能来自同一祖先，

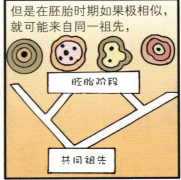

胚胎阶段

共同祖先

或是有密切关系的物种。

我们也算是远房亲戚。

是啊！

胚胎结构的共同性显示出了其血缘的共同性。

根据胚胎的构造可以判断其祖先的特征，

胚胎

祖先

爷爷！

研究胚胎可以知道它们的祖先。

我们现在可以明白，为什么灭绝的古老动物跟同一纲现存物种的胚胎很像了。

痕迹器官是生物在进化过程中失去原有功能并逐渐退化只保留下痕迹的器官。

男人有乳头，不好意思。

在各种生物中经常可以看到某些无用而保留下来的器官。

我的眼睛是痕迹器官。

洞穴蝾螈

深海鱼

生活在深海里没必要用眼睛。

达尔文的物种起源

雄性动物的乳头

?

一般没什么用途，是痕迹器官。

爸爸，怎么不出奶水呀！

因为这是痕迹器官！

有些鸟虽然有翅膀，但是不能飞，其翅膀也算是痕迹器官。

但也是鸟！

我不会飞。

有的学者认为，痕迹器官是"为了对称"或"为完成自然的计划"而被创造的，

要有光！

这不能算作解释。

相信吧。

照此说法，那么太阳系的行星是为了对称

而沿椭圆形轨道旋转的吗？

是神的计划。

当然不是那样的。

没有说服力！

痕迹器官是由自然选择造成的，不常用的器官逐渐失去了功能并退化而只留下了痕迹。

尾巴

退化 痕迹器官

自然选择

自然选择 现在

还有，器官的退化一般是在其生物体到达成熟期时发生的，而在胚胎期不怎么受影响。

祖先

痕迹器官在胚胎期内还会比相邻器官更大些。

我在妈妈肚子里时是有尾巴的！

痕迹器官的存在对创造论来说无疑是个很大难题，但是用遗传法则就可以很轻松地说明。

当然了！

比较解剖学和
比较胚胎学

同源器官的存在价值

比较解剖学是用解剖的方法比较和分析不同物种的形态和结构的一门学科。通过分析多种生物形态上的共同点，可以了解它们是否有共同祖先。正如达尔文举的例子，人的手臂、猫的前腿、鲸的鳍、蝙蝠的翅膀等虽然功能不一样，但是其骨骼构架是一致的。通过比较解剖学了解到它们的祖先都是哺乳类动物，就不会为它们骨骼结构的相似性感到惊讶了！

这样结构相似但是功能不同的同类器官叫作同源器官。许多植物也有同源器官。植物的叶子是为了光合作用进化而成的，但是除了光合作用以外，此类器官还有其他用途。比如仙人掌的刺和豌豆的卷须，虽然样子不一样却是同源器官，它们都是从叶子演变而来的。仙人掌的刺是为了保护其肉质茎进化而来的，豌豆的卷须则是为缠绕物体向上攀爬进化而来的。

相似器官的发育过程

另一个进化的证据在生物发育过程中也可以看到。大部分多细胞动物分为雌雄两种，它们的生殖细胞即精子和卵子通过结合形成受精卵。从受精卵变成成虫或成体的过程叫作发育，胚胎是发育的初期阶段。

在进化上相关的物种，它们的胚胎结构也很像。脊椎动物，无论是鱼、蛙、蛇、鸟，还是人类，在其胚胎的头和躯干之间都有层层叠叠的分层，它们初期的样子都很相似。但是在逐渐的发育过程中胚胎会发生不同方向的变化，鱼类逐渐分化出鳃，人类则分化出耳朵、扁桃体、声带等。

退化器官

达尔文最后说到进化的证据还有痕迹器官。从表面上看，生物有很多没用的器官。人类的阑尾、尾骨、智齿等结构可说是痕迹器官。鲸和蟒蛇具有没用的后肢骨，几维鸟有不会飞的翅膀，居住在洞穴中不需要使用眼睛的动物也具有没有功能的眼睛。出现这种现象是因为新种的产生不是从无到有，而是从原有的种变异而成的。这些痕迹器官通过自然选择逐渐失去了原有的功能，慢慢退化并被保留了下来。

归纳和结论

第16章

到目前为止，已给出了物种经过长时间进化而逐渐变化的证据。

嘿！

我能推动比我重100倍以上的东西。

有些人认为达尔文的理论只局限于从自然选择中找物种的变化。

只看到自然选择？

对！

达尔文说，他坚信自然选择是物种演变的重要手段，但并不是唯一的手段。

也有别的方式。

有些人主张科学并不能发现跟生命起源有关的问题。

人类竟敢讨论神的领域！

圣经

人们不愿承认从一个种会演化出特征明显的另一个种，是因为人们没有直接看到物种的演变过程。

不知道！不敢相信。

我们是同一个祖先。

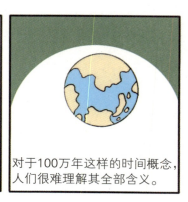

对于100万年这样的时间概念，人们很难理解其全部含义。

达尔文的物种起源

何况经过无数世代积累的细微变异，其导致的结果如何，人们很难理解其真谛。

进化，再进化……

跟最初创造时一样！

达尔文坚信自己提出理论的正确性。

与达尔文理论持相反意见的学者却很难接受他的观点。

什么？哈哈。

请相信……

过分强调未能解释的难题，而不对已知事实进行解释的人，肯定会反对达尔文的理论。

我们家族有猴子的祖先？

你的说法不可信！

思想尚未僵化且认为物种可以变化的博物学家，肯定会从本书中受到很大启发。

真的飞过吗？

达尔文希望年轻的博物学家们，

能够公正地从正反两面看待自己的学说。

鸡的翅膀是痕迹器官。

确实如此。

只有如此，才能消除围绕这个问题的种种偏见。

创造

进化

达尔文曾给很多学者介绍过有关进化论的观点，但是很少有人同意。

太不像话了！

也有相信进化论的学者，但是他们要么保持沉默，要么模棱两可、含糊其辞，

嗯，这个……

所以说……

现在，情况发生了变化，几乎所有博物学者都承认进化论。

进化

然而，现在仍有很多人相信生命是被不可解释的方式创造出来的。

否定主的话，人会受到上天的惩罚……

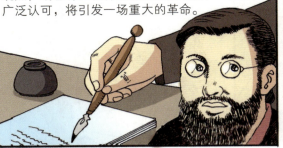
达尔文总结说，他所提出的观点，以及华莱士的观点，或者有关物种起源的类似观点，一旦获得广泛认可，将引发一场重大的革命。

每一项伟大的机械发明都是由无数技术人员，

通过劳动、经验、推理和不断改正错误取得的结晶。

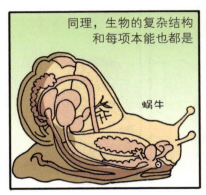
同理，生物的复杂结构和每项本能也都是

蜗牛

有利于生物体本身的许多精巧适应的综合积累。

如果我们用这种视角来观察每一个生物体的话，博物学研究该是多么有趣呀！

哇——太神奇了！

根据过去的事实可以判断，没有哪个现存的生物

可以将其原有特征一点不变地遗传给遥远未来的后代，

怎么有点……悲哀呀！

这是因为自然选择不断地选择并保留对环境更适应的变种。

我是从什么样的种进化来的生物呀？

根据生物的分类方式看，每一属中的大多数物种都没有留下任何后代而完全灭绝了。

因此可以预见，现存的生物中只有极少数物种能在遥远的未来留下它们的后代。

它们是谁的后代呢？

现存的生物都是在寒武纪之前就已生存过的生物的直系后代。

那么可以判定，在漫长的时间里，生物的世代演替从未中断，使全球生物全部绝灭的天灾也没有发生过。

熔岩

因此，我们应该怀着希望展望未来。

看看丛林里唧唧喳喳的鸟儿，飞舞其间的昆虫，

在潮湿的地上爬来爬去的虫子，

被各种各样的植物覆盖的河边，这些生物以它们特有的方式互相依存。

它们虽然各不相同，却用复杂的方式互相依存着，

它们都是随着必然的法则而产生出来的。这一切实在是妙不可言！

这里说的法则是指生存斗争，从而导致自然选择、特状分异及某些类型的绝灭。

这样，在与大自然的斗争中，从饥荒和死亡里，产生了自然界最可贵的高等动物。

大自然最初只赋予了少数几个或仅仅一个生命形态，

生命

地球按照引力法则旋转不停，无数的生物从简单形态逐渐进化成现在这么复杂而美丽的样子，

而且这种进化仍在继续进行着，这是一种对生命世界充满敬意的伟大思想！